Das ethische Gehirn

Wolfgang Seidel

Das ethische Gehirn

Der determinierte Wille und die
eigene Verantwortung

Autor
Prof. Dr. Wolfgang Seidel
www.emotionale-kompetenz-seidel.de

Wichtiger Hinweis für den Benutzer
Der Verlag und der Autor haben alle Sorgfalt walten lassen, um vollständige und akkurate Informationen in diesem Buch zu publizieren. Der Verlag übernimmt weder Garantie noch die juristische Verantwortung oder irgendeine Haftung für die Nutzung dieser Informationen, für deren Wirtschaftlichkeit oder fehlerfreie Funktion für einen bestimmten Zweck. Der Verlag übernimmt keine Gewähr dafür, dass die beschriebenen Verfahren, Programme usw. frei von Schutzrechten Dritter sind. Die Wiedergabe von Gebrauchsnamen, Handelsnamen, Warenbezeichnungen usw. in diesem Buch berechtigt auch ohne besondere Kennzeichnung nicht zu der Annahme, dass solche Namen im Sinne der Warenzeichen- und Markenschutz-Gesetzgebung als frei zu betrachten wären und daher von jedermann benutzt werden dürften. Der Verlag hat sich bemüht, sämtliche Rechteinhaber von Abbildungen zu ermitteln. Sollte dem Verlag gegenüber dennoch der Nachweis der Rechtsinhaberschaft geführt werden, wird das branchenübliche Honorar gezahlt.

Bibliografische Information der Deutschen Nationalbibliothek
Die Deutsche Nationalbibliothek verzeichnet diese Publikation in der Deutschen Nationalbibliografie; detaillierte bibliografische Daten sind im Internet über http://dnb.d-nb.de abrufbar.

Springer ist ein Unternehmen von Springer Science+Business Media
springer.de

© Spektrum Akademischer Verlag Heidelberg 2009
Spektrum Akademischer Verlag ist ein Imprint von Springer

09 10 11 12 13   5 4 3 2 1

Das Werk einschließlich aller seiner Teile ist urheberrechtlich geschützt. Jede Verwertung außerhalb der engen Grenzen des Urheberrechtsgesetzes ist ohne Zustimmung des Verlages unzulässig und strafbar. Das gilt insbesondere für Vervielfältigungen, Übersetzungen, Mikroverfilmungen und die Einspeicherung und Verarbeitung in elektronischen Systemen.

Planung und Lektorat: Katharina Neuser-von Oettingen, Anja Groth
Umschlaggestaltung: wsp design Werbeagentur GmbH, Heidelberg
Titelbild: © Fotolia
Herstellung und Satz: Crest Premedia Solutions (P) Ltd., Pune, Maharashtra, India

ISBN 978-3-8274-2126-5

Inhalt

1 Argumente für und gegen den freien Willen ... 1

1.1 Zwei Beurteilungen eines Verhaltens ... 1
1.2 In der Makrophysik wirken immer Ursachen ... 3
1.3 Ursachen sind oft unbewusst, aber selbstverständlich ... 5
1.4 Der Wille wird in einem mehrstufigen Prozess gebildet ... 7
1.5 Die Kausalität beherrscht unseren Alltag ... 9
1.6 Alles Planen in die Zukunft unterstellt die Kausalität ... 12
1.7 Dualismus und der freie Wille ... 15

2 Hintergründe: Gedanken und Freiheit ... 25

2.1 Wir sind mitten in einer Entwicklung ... 25
2.2 Das Denkmodell des naturwissenschaftlichen Realismus ... 26
2.3 Die mangelhafte Realitätstreue der Sinne und des Denkens ... 30
2.4 Die Subjektivität der Gedanken ... 36
2.5 Dualismus ... 37
2.6 Freiheit hat viele Aspekte ... 41
2.7 Was könnten wir lernen, was wird sich ändern? ... 45

3 Das Gehirn verarbeitet „Ursachen" ... 49

3.1 Verrechnung der Signale aus dem Körper ... 50
3.2 Endogene Signale werden meist unbewusst verarbeitet ... 51
3.3 Die zwei Formen ständigen Lernens ... 53

Inhalt

- 3.4 Dynamische Schaltungen ermöglichen das Erinnern 55
- 3.5 Der Wille resultiert aus Entscheidungsprozessen 57
- 3.6 Der Denkprozess und der „Vorstellungsraum" 64

4 Individuelle Eingriffe in die Ursachenabfolge 71

- 4.1 Emotionale Marker zur Bewertung der individuellen Umwelt 71
- 4.2 Bei der Entscheidung wird „abgewogen" 76
- 4.3 Der Egoismus wird auch noch belohnt 79
- 4.4 Angeborene Bedürfnisse motivieren und erzeugen Wünsche 80
- 4.5 Das Gewissen bewertet ethisch relevante Erfahrungen 83
- 4.6 Ursachen intelligent sortieren und kombinieren 86
- 4.7 Selbstkritik und der eigene Wille 88
- 4.8 Durch Denken geeignete Ursachen schaffen 89
- 4.9 Dem Willen stehen viele Wege offen, aber er ist nicht völlig frei 93
- 4.10 Nutzung der Erfahrungen der Mitmenschen 97
- 4.11 Altruismus, ethische Einstellung 98

5 Begründungen für das Gefühl eines freien Willens 105

- 5.1 Angeborene Bedürfnisse sind der Antrieb unserer Wünsche 106
- 5.2 Das Selbstwertgefühl fördert den Eindruck von Urheberschaft 108
- 5.3 Das Wollen als emotionaler Marker 109
- 5.4 Rationale Begründung: Verdrängung und Umwidmung 110
- 5.5 Die Gesellschaft fördert einen Irrtum 114

6 Das informierte Bewusstsein und der eigene Wille 119

- 6.1 Die Versuche von Libet 119
- 6.2 Das emotionale System hat physiologische und psychische Wirkungen 122
- 6.3 Das Bewusstsein wird zeitnah informiert 126
- 6.4 Nachdenken und Planen als höchste Fähigkeiten ... 129
- 6.5 Das Bewusstsein und das Wollen 131
- 6.6 Rechtzeitiges Planen ermöglicht den eigenen Willen 135

Inhalt VII

7 Ethik und Verantwortung ... 139

7.1 Soziales Verhalten durch Gefühl und Verstand 139
7.2 Realitätsbezug und Relativität der Ethik 141
7.3 Umsetzung gesellschaftlicher Regeln im Gehirn 144
7.4 Intelligenz und soziale Kompetenz 145
7.5 Vermittlung ethischer Vorgaben 149
7.6 Verantwortung ist Voraussetzung
für ethisches Verhalten 151
7.7 Die soziologische Bedeutung der Verantwortung .. 153
7.8 Das Verantwortungsgefühl wird gelehrt
und erlernt 155
7.9 Verantwortung und Charakterschwäche 157

8 Konsequenzen: Schuld und Strafe 161

8.1 Schuld- und Schuldausschließungsgründe 161
8.2 Drei Konzepte der Schuld 164
8.3 Das „Verantwortungspostulat" 168
8.4 Gleiches Strafmaß bei freiem und eigenem Willen .. 170
8.5 Auch bei Fahrlässigkeit ist Verantwortung
zu fordern 173
8.6 Verantwortung von Triebtätern? 175
8.7 Abschreckung und die „empfindliche" Strafe 176
8.8 Schuldgefühl und Reue 179

Schlussbetrachtungen ... 185

Glossar ... 195

Literaturverzeichnis ... 209

Index ... 215

Vorwort

Die Frage, ob der Mensch nun einen autonomen freien Willen hat oder nicht, ist seit Jahrhunderten ein zentraler Diskussionspunkt zwischen Geistes- und Naturwissenschaft. Allerdings: Wenn ich Bekannte frage, sind sie ohne Ausnahme von der Freiheit ihres Willens überzeugt. Ist der Widerspruch gegen dieses allgemeine Votum nur eine Spitzfindigkeit der Neurowissenschaft? Oder gar ein Fehlschluss?

Mich hat die Frage als Student gelegentlich beschäftigt. Damals machte mein Vater mit mir meist am Sonntagnachmittag einen langen Waldspaziergang. Ausführlich pflegten wir Probleme, die in der Woche aufgefallen waren, zu diskutieren, und so auch dieses. Mein Vater, der neben Zoologie außerdem Philosophie studiert hatte, verteidigte eine metaphysische Sphäre im Menschen. Ich argumentierte aus der Warte des Medizinstudenten wohl etwas hart, wenn ich dem gegenüber den Menschen samt seinem Denken und Fühlen als das ausschließliche Produkt der Evolution sah.

Später in meinem Beruf als Chirurg blieb ich einfach dabei, die mechanistische Theorie von der Funktionsweise der inneren Organe, mit denen ich es zu tun hatte, auf den ganzen Menschen und damit auf alle Hirnfunktionen auszudehnen. Zwar ist es eine besonders wichtige Grundregel für den Arzt, den persönlichen Willen eines jeden Patienten zu achten und zu berücksichtigen,[1] aber beim Aufklärungsgespräch, das dieser Willensbildung vorausgeht, geht es meistens um Sachfragen: Warum bin ich krank geworden? Welche Folgen wird die Krankheit haben? Was bewirkt die Therapie Gutes oder möglicherweise auch Nachteiliges?

Es geht um Ursachen und Wirkungen, auch bei der Berücksichtigung der Gefühle des Patienten. Die Entscheidung des Kranken beruht selbst bei existentiellen Perspektiven wie Gesundheit oder Tod ganz offensichtlich auf der Abwägung von Argumenten. Diese Abwägung kann äußerst schwierig sein. Nicht selten sind alle sich ergebenden Alternativen für den Kranken gleich ungünstig, die Risiken möglicher Strategien sind häufig so schwer zu kalkulieren, dass angesichts des Dilemmas selbst für den Fachmann guter Rat sehr schwierig ist.[2] Gerade bei schweren Entscheidungen ist der freie Wille keine Option. Der Patient kann dann eigentlich nur darüber entscheiden, ob er dem ratgebenden Arzt, also dem Fachmann, vertrauen will oder nicht.

Erst heute im Ruhestand, in dem ich mich ausführlich mit der Emotionspsychologie beschäftige, wurden für mich Fragen nach dem Selbst, dem Bewusstsein und auch bezüglich der Entscheidungsfindung wieder aktuell. Unverändert bin ich überzeugt, dass der Mensch *keinen* freien Willen haben kann.

---

[1] Oberste Maxime ärztlichen Handelns war seit alters *Salutas aegroti suprema lex*, was aus dem Lateinischen übersetzt bedeutet, dass *das Wohl* des Kranken oberstes Gesetz ist. Mit der Betonung des „mündigen Bürgers" nach dem letzten Weltkrieg wurde das Wort *salutas* durch *voluntas* („Wollen") ersetzt. Der *Wille* des Patienten ist seither oberstes Gesetz. Aus der Pflicht zu bestmöglicher Behandlung wurde die Pflicht zu optimaler Aufklärung, damit der Betroffene dann selbst („frei") entscheiden kann. Und bezüglich der Qualität der Behandlung wird eine „ausreichende und wirtschaftliche" Therapie (gesetzliche Krankenkassen) festgelegt.

[2] Alle Erfahrung wird in der Medizin mit statistischen Methoden ausgedrückt. Das ist für die aktuelle Entscheidung nur ein vager Anhalt, denn ob eine Operation nun eine 70%ige Erfolgschance hat oder nur eine von 30%, bedeutet für den individuellen Kranken immer, dass für ihn persönlich alles möglich ist, was zwischen einem vollen Erfolg und einem schrecklichen Misserfolg liegt. Wie viel hilft die Wahrscheinlichkeit gegen Angst?

Aber warum betone ich das? Warum ist die Frage nach dem freien Willen überhaupt wichtig? Warum kann oder muss man ihn ablehnen? Ist das ein rein theoretischer Disput, oder hat der freie Wille Konsequenzen?

Die in den Neurowissenschaften heute vielfach vertretene Ablehnung der Idee eines autonomen Willens steht im Gegensatz zur Lehrmeinung der Philosophie, der Moraltheologie und der Mehrheit der Juristen. Dieser Gegensatz beruht ganz wesentlich auf der Einstellung zur *Kausalität*. In der gesamten Naturwissenschaft gilt (mit gewisser Einschränkung in der Quantenphysik), dass es keine Wirkung ohne Ursache gibt. Und da die Naturwissenschaftler der Überzeugung sind, dass alles und jedes in der Welt und selbst im Weltall von ihnen untersucht und vermessen werden könnte, beruht aus ihrer Sicht alles Geschehen in dieser Welt auf Kausalität. Der Mensch ist so eindeutig in die Natur dieser Welt und damit in die Naturgesetze eingebunden, dass auch jede Funktion seines Gehirns der Kausalität, die in dieser Welt herrscht, unterliegt: jeder Gedanke, jedes Gefühl, jeder Nervenimpuls – und eben auch das Wollen.

Für die Geisteswissenschaften jedoch ist diese Kausalität der *physischen* Welt kein Gesetz, sondern eine Erfahrung, nur ein Sonderfall, wenn man die Kausalität nicht überhaupt aufgrund logischer Ableitungen infrage stellt. Die großen Denker der Antike gingen fast alle von der Existenz einer zweiten größeren metaphysischen Welt ohne eine beengende Kausalität aus. In dieser, dachte man, sind die Götter und andere Geisteswesen, die Seele, die Ideale, oft die großen Gedanken und gelegentlich die Gefühle angesiedelt. Der Mensch hat also irgendwie Anteil an ihr. Die Teilhabe an der metaphysischen Welt jedenfalls beim Denken wird als entscheidendes Alleinstellungsmerkmal des Menschen gegenüber den anderen Kreaturen in der realen (physischen) Welt angesehen. Seine Gedanken sind frei (jeder kann das so empfinden), und aus dieser Freiheit folgt die Freiheit des Willens.

Im Alltag empfindet der Mensch immer wieder den Erfolg seiner freien Entscheidungen. Nehmen wir zum Beispiel jenen jungen Mann, der seine Freunde zu einer Wanderung am Sonntagmorgen überredet hat. Die meisten hatten zunächst keine Lust gehabt. Nachträglich sind jetzt alle froh, doch mitgegangen zu sein. Die Stimmung war bestens, und das Wetter war entgegen der Voraussage schön. Der Initiator denkt zurück an den Tag zuvor, wie er sich bemüht, überredet und organisiert hat. Er hat nun das Gefühl, dass es sehr gut war, dass er die *spontane Idee* hatte, aus einer Laune heraus, einfach so. Er hielt es für sein Verdienst, er hat es so *gewollt*. Er sah keinen anderen Grund. Er hatte plötzlich diesen Einfall gehabt, und dann war es seine Entscheidung gewesen, gerade so zu handeln, seinen Willen durchzusetzen.

Wir werden ausführlich darüber sprechen, ob es ein *Irrtum* ist – manche sprechen von einer *Illusion* –, wenn dieser junge Mann glaubt, dass er frei entschieden und gewollt hat. Wir werden überlegen, wie dieser Irrtum zustande kommt und wofür er gut und wichtig ist. Zunächst komme ich noch einmal auf die eben skizzierte dualistische Weltanschauung zurück. Für sie haben die erstarkenden Naturwissenschaften in den letzten Jahrhunderten zwei Probleme gebracht, die uns hier interessieren.

Zum einen besagen die gefundenen Naturgesetze, dass die *reale* Welt ein in sich *geschlossenes System* ist, beispielsweise hinsichtlich der Erhaltung der Energie. Von außen, also zum Beispiel aus einer metaphysischen Gedankenwelt, kann keine zusätzliche Energie hineingebracht werden. Ein freier Wille aus der metaphysischen Welt könnte von dort keine zusätzliche Energie in die physische Welt einbringen, wenn er in ihr etwas bewegen wollte. In der realen Welt selbst ist aber kein freier, also von Ursachen unabhängiger, Wille (der selbst aber eine Ursache wäre) denkbar.

Zum anderen scheint die schon angesprochene Kausalität den sogenannten *Determinismus* zu bedingen. Er besagt, dass mit der Kausalität nicht nur das Entstehen aller gegenwärtigen Zustände erklärt werden kann, sondern dass dann natürlich auch für alles Künftige die Gesetze von Ursache und Wirkung gelten. Und dann wäre das ganze Geschehen der Zukunft unerbittlich aus den Ursachen, die heute gerade bestehen, Schritt für Schritt festgelegt.

Diese Konsequenz der Kausalität, also der Determinismus, wird nur von wenigen rückhaltlos akzeptiert – selbst unter denjenigen, die an einer Diskussion der Frage des freien Willens überhaupt interessiert sind. Alles Geschehen wäre damit *schon vorbestimmt*, ehe es überhaupt stattgefunden hat. Verantwortungsbewusste Menschen stemmen sich gegen die Vorstellung, dass dann eigentlich alles Bemühen sinnlos ist. Apathie wäre die Folge. Es käme dann ja ohnehin so, wie es die Abfolge der Kausalitäten bedingt. Ein allwissender Weltgeist im Sinne des Laplace'schen Determinismus könnte schon heute alle zukünftigen Geschehnisse wissen, er würde über unsere Anstrengungen lächeln.

Die Diskussion wird sicher seit Jahrhunderten bis heute auch deswegen so leidenschaftlich geführt, weil die Unfreiheit des individuellen Willens und dessen Abhängigkeit von der Kausalität *nicht dem alltäglichen Empfinden* der Menschen entspricht, übrigens auch nicht dem meinen. Aber seit ich mich in der Emotionspsychologie etwas besser auskenne, hat der Determinismus für mich seinen Schrecken verloren. Im Gegenteil, ich finde ihn und die mit einem konsequenten naturwissenschaftlichen Realismus zusammenhängenden Probleme sogar faszinierend.

Warum nicht mehr? Nun, die Leserinnen und Leser, die sich für intelligent halten, mögen einmal ganz unvoreingenommen überlegen, was sie wählen würden, wenn sie bei voller Akzeptanz der Kausalität für sich selbst eine Strategie entwickeln dürften, mit der sie unter dieser Kausalität am besten überleben könnten.

Wahrscheinlich haben Sie nicht die Muße, das Buch zur Seite zu legen und nachzudenken. Tun wir es gemeinsam: Sehr oft gibt es vielerlei Faktoren, die eine Entscheidung beeinflussen. Sie würden sich sicher einen Mechanismus wünschen, der (natürlich ebenfalls streng nach den Gesetzen der Kausalität konstruiert) Ihnen immer dann, wenn es mehrere einwirkende Ursachen gibt, diejenigen heraussucht, die für Sie persönlich am günstigsten sind! Nun, genau das machen alle Tiere, die ein einigermaßen leistungsfähiges Gehirn haben. Und der Mensch mit seinem Hochleistungsgehirn ist natürlich der unangefochtene Meister. Er hat nahezu freie Wahl bei seinem Handeln. Ich will Ihnen das möglichst verständlich erklären.[3]

Allerdings muss ich wohl in einem einführenden ersten Kapitel zunächst meine naturalistische, also kausalitätsbasierte Sicht näher begründen. Andererseits werde ich wenigstens einige wichtige Argumente der Befürworter einer metaphysischen, also nicht durch die Naturwissenschaften erklärbaren, Freiheit für menschliches Wollen und Handeln erwähnen. Man wird mir hoffentlich nachsehen, dass ich diesen Überblick aus der Perspektive der Neurowissenschaften und nur bezüglich der mir wesentlichen Punkte darstellen werde. Wer sich tiefer einlesen möchte, mag die vielseitige Aufsatzsammlung *Freier Wille – frommer Wunsch? Gehirn und Willensfreiheit* von H. Fink und R. Rosenzweig zur Hand nehmen. Dort findet er auch reichlich weiterführende Literatur.

Wir werden in Kapitel 2 einige Hintergründe ansprechen, zum Beispiel dass eine Jahrtausende alte Denktradition der Philosophie davon ausgeht, dass der Mensch diesen freien Willen haben muss. Die Versuchung ist groß, sich derartigen *metaphy-*

---

[3] Da ich mir Interessenten für dieses Buch in sehr verschiedenen Disziplinen erhoffe und da ich es sowohl für Fachleute interessant wie auch für Laien lesbar gestalten möchte, werde ich versuchen, möglichst ohne die Fachsprachen der Psychologie und Philosophie auszukommen, obgleich ich gelegentlich eines ihrer präzise definierten Fachwörter benötigen werde. Daher habe ich im Anhang ein kleines Glossar erstellt.

sischen Weltentwürfen anzuschließen, weil der Mensch dadurch als etwas Besonderes aus der übrigen mechanistischen Welt mit ihren engen Gesetzmäßigkeiten herausgehoben wird. Seine ohnehin schon gewaltige Denkkraft wird gebührend bewertet, denn sie befähigt ihn zu Besserem. Er erhält einen Anteil an einer höheren, übernatürlichen, ja sogar göttlichen Welt. Der Determinismus wird als Angriff auf diese metaphysische Wertigkeit des Menschen gesehen (B. Kanitscheider). Auf Einzelheiten diesbezüglicher Theorien werde ich nicht eingehen. Sie füllen ganze Bibliotheken. Ich werde sie nur insoweit behandeln, als an dieser jenseitigen Teilhabe des Menschen meistens auch die Idee der Verantwortung zum ethischen Verhalten und letztlich eben auch die Freiheit des Willens festgemacht wurden.

In Kapitel 3 möchte ich grundsätzliches Verständnis dafür wecken oder festigen, dass die Naturwissenschaften inzwischen derartig viele Kenntnisse über den Aufbau des Gehirns und über seine Funktionen zusammengetragen haben, dass man unterstellen darf, dass alles, was im Gehirn geschieht, sogar das abstrakte Denken und die virtuelle Vorstellung, letztlich auf „simplen" biochemischen oder bioelektrischen Mechanismen beruht. Damit unterliegt alle Gehirnaktivität der Kausalität. Im Übrigen werden in Kapitel 3 die Grundlagen derjenigen Gehirnfunktionen geschildert, die für das Verständnis meiner Erörterungen von Vorteil sind.

In Kapitel 4 werde ich aber Beweise anführen dafür, dass der Mensch keineswegs bedauernswert ist, wenn er im Lichte der Naturwissenschaft dieser Kausalität mit all seinen geistigen Kräften ausgeliefert ist. Er ist keineswegs ihr Spielball. Ich behaupte, dass das System der Kausalität keineswegs so trostlos ist, wie es zunächst erscheint. Meine Begründung dafür, dass wir zwar keinen radikal freien, aber immerhin einen *eigenen* Willen im Rahmen der naturwissenschaftlichen Gesetzmäßigkeiten haben, beruht in erster Linie auf der Emotionspsychologie, mit der ich mich seit vielen Jahren beschäftige.

Wir erkennen, dass die Menschen, ja überhaupt alle Organismen, mit leistungsfähigen Gehirnen nicht einfach starre Rädchen in einer sturen Weltmaschinerie sind. Gehirne besitzen Mechanismen, mit denen sie – ihrerseits streng nach den Gesetzen der Natur – unter Kausalitäten *auswählen* können. In Kapitel 4 lernen die Leser also jene „Ursachenauswählmechanismen" kennen, die sie sich vorher gewünscht haben. Dabei geht es immer um den *eigenen Vorteil*. Dieser „institutionalisierte Egoismus" ermöglicht den Lebewesen, persönliche Chancen zu nutzen, das eigene Schicksal zu optimieren.

Mit Hilfe von (emotionalen) Bewertungsmechanismen können alle höheren Tiere diejenigen Kausalfaktoren bevorzugen, die ihnen vermehrte Überlebenschancen zu versprechen scheinen, oder können Gefahren meiden. Sie unterliegen dann zwar auch der Kausalität, aber sie benutzen eine für sie vorteilhafte Konstellation derselben. Darüber hinaus kann der Mensch *im Vorhinein* abwägen, welche Kausalattributionen ihm welchen Nutzen oder welche Risiken bringen dürften. Sein Gehirn besitzt „Schaltungen", die auf diese Weise gezielt diejenigen Gesetzmäßigkeiten bevorzugen, von denen seine Vorauskalkulationen verbesserte Chancen verheißen. Derartige konstruktive Besonderheiten seines Gehirns haben ihm erlaubt, fast die ganze Erdoberfläche aktiv zu seinem vermeintlichen Vorteil zu verändern. Diese erstaunlichen Konstruktionsmerkmale des menschlichen Gehirns dürften jetzt zur Ursache einer kaum mehr aufzuhaltenden Naturkatastrophe werden.[4]

Freilich, auch das muss man in der Summe als eine *determinierte* Systementwicklung unserer Welt sehen. Aber das spe-

---

[4] Der Arzt und Dichter Eugen Roth hat zu seiner Zeit noch versucht, es versöhnlich zu sehen:
„Die Menschheit ist nichts weiter als
'ne Hautkrankheit des Erdenballs."
Ohne tiefe Narben wird die Krankheit nicht mehr abheilen können.

zielle „System Gehirn" läuft nicht einfach automatisch ab. Insbesondere die Antriebe der intrinsischen Motivation erzwingen, dass das einzelne menschliche Individuum aktiv denken und handeln muss. Das *persönliche Bemühen* des einzelnen Individuums ist vorgegeben als eine der Grundeigenschaften des Systems. Wir können grundsätzlich nicht einfach die Hände in den Schoß legen. Wir müssen die Naturgesetze (zum Beispiel bezüglich des Überlebens des Fittesten) erfüllen, und zu denen gehört, *dass wir uns anstrengen*. Und wenn wir schon mitmachen, dann sollten wir das Ganze als ein interessantes Geschehen betrachten, zu dem ja schließlich auch (als ebenfalls phylogenetisch entwickelte Belohnung) Erfolgserlebnisse und Lebensqualität gehören.

Die naturwissenschaftlich begründete Akzeptanz der Determiniertheit entspricht, wie gesagt, nicht dem alltäglichen Empfinden der Menschen. Ich möchte dieses Empfinden in Kapitel 5 zu erklären versuchen. Wir werden erkennen, dass es Vorteile für das Selbstwertgefühl bringt und dass auch die Gesellschaft davon profitieren kann, dass der Mensch sich diesem Irrtum hingibt, er habe einen freien Willen.

Das *Gefühl*, einen freien Willen zu haben, wird Anlass sein, in Kapitel 6 überhaupt die Funktion von Gefühlen zu besprechen. Wir kommen dadurch zu Erkenntnissen, die ähnlich aufregend sind wie die Experimente von Libet et al., die zu der Hypothese führten, dass Willensäußerungen *nicht* primär vom Bewusstsein selbst ausgehen. Wir werden also zur Vorstellung kommen, dass das Bewusstsein über unbewusste automatische Willensäußerungen im Gehirn *informiert* wird. Im Vorstellungsraum des Bewusstseins kann dann geplant und beurteilt werden. Die für die *Entscheidungen* selbst notwendigen Berechnungen werden offenbar von tieferen Ebenen des Gehirns ausgeführt.

Ich finde es faszinierend, was sich „das Leben" alles hat einfallen lassen, um die sture Kausalität der Naturgesetze ihren

Bedürfnissen anzupassen. Ich lade die Leserinnen und Leser ein, sich vor Augen führen zu lassen, wie viele Spezialfunktionen in unser Gehirn eingebaut sind, damit wir den unpersönlichen Materialismus der *unbelebten* Natur gewissermaßen mit seinen eigenen Mitteln umgehen, um nicht nur Überlebensvorteile, sondern schließlich auch eine hohe Lebensqualität zu erreichen. Gerade weil alles mit rechten (kausalen) Dingen zugeht, ist das Gehirn auch aus dieser Perspektive ein Wunderwerk. Ob es außerdem eine metaphysische Ebene zum Beispiel für den Glauben gibt, brauchen wir in diesem Zusammenhang nicht zu erörtern.

Die Diskussion um den freien Willen ist nicht rein akademisch. Eine konkrete Konsequenz dieser Überlegungen besprechen wir in Kapitel 7. Nicht nur ererbte Anlagen haben ein großes Gewicht für die *Verhaltenssteuerung* des Menschen, sondern ganz entscheidend auch vermittelte und gelernte Lehrinhalte. Als zentrale Schaltfunktion werden wir die – ebenfalls zu lehrende – Verantwortung diskutieren. Wenn das denkende Gehirn mit diesem „Prinzip Verantwortung" die Gesetze und Regeln der Gesellschaft verinnerlicht und zu seiner Grundhaltung macht, hat es das Adjektiv „ethisch" verdient. Das wirft ein Schlaglicht auf die gewaltige Bedeutung der lebenslangen *ethischen Bildung* aller Mitglieder der Gesellschaft. Ihre Charakterfestigkeit muss in der Kindheit zuverlässig geprägt und im weiteren Leben ständig trainiert werden.

In Kapitel 8 schließlich können die Vorstellungen von *Schuld und Strafe* sachgerechter präzisiert werden. Alle diejenigen, die einen freien Willen unterstellen, leiten daraus eine „moralische" Schuld eines Täters an fast allen Straftaten ab und fordern entsprechend eine „gerechte" Strafe (im Diesseits und/oder im Jenseits). Wer andererseits von einem durchgängigen „harten" Determinismus ausgeht, kommt zu dem Schluss, dass der Täter eigentlich keinen Einfluss auf sein Handeln haben konnte, dass er selbst also keine Schuld hatte und dass Strafe folglich ungerechtfertigt ist, sofern man sie nicht als Mittel zur Abschreckung oder Erziehung versteht. Entsprechende Überlegungen finden sich in der modernen Justiz allenthalben. Die Konsequenzen der Anerkennung eines radikalen Determinismus wären weitreichend. Die Justiz wacht im Auftrag der Gesellschaft darüber, dass die Rechte aller Bürger gewahrt werden. Wenn nun kein Übeltäter mehr selbst schuldig wäre, weil sein Verhalten ja vorbestimmt war, müsste man ganz neue Wege finden, um unser aller Rechte zu schützen.

Wenn wir nun als dritte Konzeption annehmen, dass das ausgewachsene Gehirn des Menschen *selbst* ursächlich wirksame Gedankenkonstrukte produzieren und daraus solche auswählen kann, die seinem Verhalten dienlich zu sein scheinen, dass das „ethische" Gehirn des Individuums also *Verantwortung* haben und einen *eigenen Willen* entwickeln und realisieren kann, dann muss auch die Schuldfrage entsprechend differenziert gesehen werden. Nicht schuldfähig ist dann nur derjenige, der (noch) keine ausreichende Belehrung über sozialverträgliches Verhalten bekommen hat, der eine solche mangels ausreichender rationaler Fähigkeiten nicht nutzen konnte oder der ausschließlich triebgesteuert handelte, der seine intrinsischen Antriebe also nicht rational kontrollieren konnte. Man wird das bisherige „Freiheitspostulat", das die Notwendigkeit eines freien Willens für den Schuldbegriff zum Ausdruck brachte, exakt und pragmatisch durch ein „Verantwortungspostulat" ersetzen.

Wir werden in Kapitel 8 ausführlich begründen, dass künftig auf die gesellschaftskonforme Gewichtung von Argumenten in den Gehirnen der überführten, vielleicht sogar auch der potentiellen Täter und damit auf die *Belehrung* und auf die Wiedergutmachung (als Lernprozess) der Schwerpunkt zu legen sein wird. Am Prinzip der Straffähigkeit und der Strafe wird sich nicht viel ändern. Aber wie überall, wo Fortschritt stattfindet, wird man differenzierter denken und urteilen müssen. Es wird nicht mehr einfach um Schuld gehen, sondern um *Wissen und Intelligenz des Täters*. Aber eine *Strafe* kann man ihm androhen und ihm, falls seine Tat eine solche bedingt, auch zukommen lassen.

Wir werden aber auch überlegen, dass das *Gefühl* eines freien Willens, das jeder Mensch hat, nicht nur zu einem nutzbaren Schuldgefühl führt, sondern auch psychologische Vorteile wenigstens für sein eigenes *Selbstwertgefühl* hat. Auch die Gesellschaft profitiert von der *gefühlten* Vorstellung des Laien, dass das persönliche Wollen insoweit frei sei und dass daraus Verantwortung erwachse. Man muss diese Vorstellung also nicht überall korrigieren wollen, man muss nicht alle Leute zu einem naturwissenschaftlichen Realismus bekehren. Aber Verantwortungsträger sollten sich diese Überlegungen bewusst machen.

Wenn man von diesen pragmatischen Überlegungen absieht, braucht eigentlich niemand mehr einen autonomen, freien Willen, weder zum Einkaufen noch um Gutes zu tun, noch zum Wählen oder zum Diskutieren. Durch Akzeptieren der Erkenntnisse der Neurowissenschaften, die die Leistungen unseres Gehirns aufzeigen, besonders aber durch Vertrauen auf das Prinzip von Verantwortung und korrekter Einstellung zu Ethik und Gesetz kann jedoch das Unbehagen gegenüber dem Determinismus völlig in den Hintergrund gedrängt werden, auch wenn er eine ernst zu nehmende Konsequenz der Kausalität bleibt.

Wir werden aber sicher zu dem Schluss kommen, dass eine wirksame Reform und Intensivierung der *ethischen Aus- und Weiterbildung* unbedingten Vorrang hat, ob man nun an einen freien Willen glaubt oder das neurowissenschaftlich begründete Prinzip des *eigenen Willens* verstanden hat.

Für guten Rat danke ich ganz besonders Herrn Dr. Werner Payer und Herrn Hansjörg Weitbrecht. Für die bewährt kritische Durchsicht des Textes bin ich Herrn Kurt Hoffmann sehr dankbar. Geholfen haben mir in vielerlei Hinsicht meine Schwester Dr. Sigrid Pfitzner-Seidel, meine Kinder, mein Schwiegersohn Dr. Oliver Kociok und als stete, nicht hoch genug einzuschätzende Unterstützung meine liebe Frau Vita.

1

Argumente für und gegen den freien Willen

Wann hat man nun einen freien Willen? Braucht man ihn? Oder gibt es ihn gar nicht? Die Meinungen gehen weit auseinander. Man könnte den Beweis, dass der Mensch *keinen* freien Willen hat, auf der naturwissenschaftlichen Ebene nicht führen, denn es müsste ja ein negativer Beweis sein, und einen solchen gibt es dort nicht. Wir werden also über Plausibilität, über logische Schlüsse, über Wahrscheinlichkeiten reden. Andererseits ist es auch nicht möglich, einen freien Willen als solchen und seine Wirkung zu beweisen oder nur auf der Basis bekannter Gesetze wahrscheinlich zu machen.

Ich will versuchen, das zu erklären. Ich möchte in diesem Kapitel die gegenwärtig gängigen Argumente skizzieren, in Kapitel 2 dann einige theoretische Hintergründe, ehe ich schließlich ab Kapitel 3 meine Erklärungen der Reihe nach anführe.

1.1 Zwei Beurteilungen eines Verhaltens

Einführen möchte ich in die Problematik anhand des konkreten Falles jenes jungen Elektromonteurs, der mit dem Firmenwagen bei Rot über eine Kreuzung fuhr. Er hatte es sehr eilig, die Kreuzung schien ganz frei, jedenfalls von Kraft-

2 Das ethische Gehirn

fahrzeugen. Allerdings übersah er eine Radfahrerin. Er streifte sie derart, dass sie mit ihrem Fahrrad stürzte. Er bemerkte den Unfall, hielt an und leistete Erste Hilfe. Nach seiner Darstellung war die Ampel grün, als er in die Kreuzung einfuhr.

Der Richter gab später in der Gerichtsverhandlung dem Autofahrer nicht nur die Schuld an dem Unfall, sondern natürlich auch an den Verletzungen der Frau, ihren Schmerzen und anderem Unbill in der Folgezeit. Der junge Beschuldigte hätte – so führte der Richter aus – nicht in die Kreuzung einfahren dürfen. Dass die Ampel für ihn Rot gezeigt habe, sei von zwei Fußgängerinnen übereinstimmend bezeugt. Es läge eine eindeutige Nichtbeachtung der Straßenverkehrsverordnung vor. Jeder verantwortungsbewusste Fahrer hätte angehalten und gewartet, bis die Ampel wieder „Grün" gezeigt hätte, auch wenn er es genauso eilig gehabt hätte.

Hätte. Hätte der junge Mann sich unter sonst gleichen Bedingungen auch anders entscheiden und anders handeln können?

Fast alle *Philosophen* sagen Ja und begründen das mit seinem freien Willen. Philosophisch orientierte Psychologen stimmen dem zu, auch alle Moraltheologen und sehr viele Juristen: Der junge Mann kannte die Vorschriften der Straßenverkehrsordnung. Es gab keine schuldmindernden Umstände. Er wollte gegen die ihm bekannte Rechtsvorschrift, die durch die rote Ampel signalisiert wurde, bewusst verstoßen. Er wollte (als „Taterfolg") dadurch sein Ziel schneller erreichen. Daher hat er aus freiem Entschluss Gas gegeben. Ein rechtsbewusster Bürger hätte in der gleichen Situation anders gehandelt.

Manche *Naturwissenschaftler*, auch viele naturwissenschaftlich denkende Psychologen, würden dagegen sagen: „Nein, er musste so handeln, denn es gibt keinen freien Willen" (G. Roth, W. Singer).[1] Das Verhalten des Fahrers hatte nun

---

[1] Gemeint ist mit einem freien Willen hier und im Folgenden ein absolut autonomer Wille, der ohne Einwirkung von Ursachen entsteht und wirkt.

einmal eine Reihe von Ursachen, wie jede Wirkung auf dieser Welt ihre Ursachen hat, und die kann ein Mensch nicht einfach mit einem freien, nicht an die gerade wirksamen Kausalitäten gebundenen Willen verändern.

Ursachen gab es viele: Der Mann hatte es aus mehreren Gründen sehr eilig, er hielt es für sinnlos, vor einer völlig leeren Kreuzung anzuhalten. Er wusste von Berufs wegen, dass hier keine Überwachungskamera installiert war. Er war grundsätzlich der Ansicht, Vorschriften nur dort einhalten zu sollen, wo sie sinnvoll sind.

Das „Schicksal" nahm seinen (durch derartige Faktoren vorgezeichneten) Lauf. Nichts hätte er daran ändern können, genauer: Unter den gegebenen Bedingungen hätte er auch kein anderes Verhalten *wollen* können. Es gab ja noch eine Vielzahl weiterer (psychologischer) Ursachen (zum Beispiel aus seiner Erziehung), die mit zu diesem Verhalten beitrugen. Man könnte auch noch gegensinnige, zum Beispiel mahnende Wirkfaktoren anführen, die, alles zusammengenommen, nicht stark genug waren, ihn davon *abzuhalten*, jedenfalls nicht in dieser Situation, nicht kurzfristig, wie wir später diskutieren werden. Er mag sie kurz erwogen haben. Aber so wie die Dinge lagen, wollte er möglichst schnell an sein Ziel. Er war so „programmiert".

1.2 In der Makrophysik wirken immer Ursachen

Bleiben wir zunächst bei der Antwort der Naturwissenschaftler und bedenken die grundlegenden Argumente, die vorwiegend Hirnforscher vorbringen. Sie drehen sich überwiegend um den Begriff der Kausalität.

Keine Wirkung ohne Ursache. Dieser Satz gilt jedenfalls in der Makrophysik, also in der Welt, in der wir bewusst

4 Das ethische Gehirn

leben.² Die Prozesse im Gehirn sind ständig einer Vielzahl unterschiedlicher „Ursachen" ausgesetzt. Einwirkungen kommen von außen, zum Beispiel als Sinneseindrücke oder auch von Mitmenschen als Argumente, Verlockungen oder Warnungen. Einwirkungen können aber auch aus dem Inneren des Körpers (schmerzender Rücken, volle Harnblase, juckende Nase) oder häufiger speziell aus den Zentren des Gehirns kommen, etwa als Folge genetisch bedingter Motivationen aus Triebstrukturen, also aus mehr oder weniger angepassten angeborenen Bedürfnissen, aus Emotionen, oder sie kommen aus dem Gedächtnis aus einem riesigen Arsenal von Sachverhalten, Regeln, Erklärungen, Erinnerungen.

Als *Ursachen*, die in diesem Zusammenhang angeführt werden, wirken also keineswegs nur augenfällige materielle Mechanismen, sondern auch mentale Prozesse im Gehirn, die rationale oder emotionale „Argumente" repräsentieren.³ Und das gilt prinzipiell auch für solche Argumente, die man als „Gründe" von schlichten Ursachen unterscheiden mag. Gedankenfolgen lassen sich nämlich, wenn man bis zum neurophysiologischen Bereich hinunter analysiert, ebenfalls auf materielle Vorgänge zurückführen. Ich werde das in Kapitel 3 genauer darstellen.

Zunächst nehmen wir zur Kenntnis, dass man *Ursachen* auch im Zusammenhang mit dem Denken und der Willensbil-

---

[2] Mit Kausalität wird das Prinzip der Verknüpfung von Ursache und Wirkung bezeichnet. Das ist ein empirisch, also aus Beobachtung und Erfahrung, gewonnenes Gesetz. Man kann definieren, dass es eher eine Interpretation des Geschehens ist, denn es gibt wenigstens eine Ausnahme. Kausalität gilt zwar für die Newton'sche Physik und im Bereich der Einstein'schen Relativitätstheorie, aber in der Quantenphysik findet man keine strenge Determinierung, sondern eher die Wahrscheinlichkeit, und dort herrscht vermutlich der Zufall. (Dies ist eine Mehrheitsmeinung der damit befassten Physiker.)

[3] Aristoteles hat in seiner Naturphilosophie über Ursachen nachgedacht. Diese Einteilung spielt in der heutigen Philosophie noch gelegentlich eine grundsätzliche Rolle: Material-, Form-, Bewegungs- und Finalursache. In der Naturwissenschaft haben wir es mit der *bewegenden Ursache* (Wirkursache, die erklärt) zu tun. Ich werde in den späteren Kapiteln daher nur gelegentlich einen finalen Gesichtspunkt (verstehende Ursache, die das Wollen oder Gründe angibt) darstellen, gewissermaßen aus pädagogischen Gründen, da der Mensch im Alltag oft *final denkt*.

dung unterstellt. Es ergibt sich dann die Frage, ob diese Willensbildung zwingend abhängig ist von den Ursachen. Man bezeichnet die regelhafte Abhängigkeit der Folge B von der Ursache A als *Kausalität*. (Natürlich können mehr als eine Ursache gemeinsam fördernd oder hemmend einwirken.) Aus Sicht der Neurowissenschaften gilt die Kausalität für die Reaktion auf Sinneseindrücke gleichermaßen wie für Reaktionen auf Gedächtnisinhalte, für das Denken und dann auch für das Wollen.

Grundsätzlich ist das Gehirn ein Produkt der Natur. Es hat sich nach den Gesetzen der Natur entwickelt, und nach deren Gesetzen arbeitet es nun auch. Also berücksichtigt und berechnet es Kausalitäten überall, wo Wirkungen angestrebt werden. Wenn es die Gesamtkonstellation der *Ursachen* so ergibt, dann *will* gerade dieser Elektromonteur mit seinem Lieferwagen zu diesem Zeitpunkt so schnell ans Ziel, wie es die Umstände zulassen. Durch die einwirkenden Ursachen, vorhergehenden Ursachen und wiederum deren Vorursachen usw. ist dieses Geschehen in eine bestimmte Bahn gelenkt. Wir werden noch ansprechen, dass zu den Ursachen seines Wollens auch die ganzen emotionalen und motivationalen Systeme seines Gehirns hinzukommen, also sowohl seine Absichten als auch seine Hoffnungen und seine Wünsche.

1.3 Ursachen sind oft unbewusst, aber selbstverständlich

Der Mensch kennt nicht nur das Prinzip der Kausalität, er hat geradezu ein *Kausalitätsbedürfnis*.[4] Die Geschehnisse in seiner Umgebung möchte er erklären wie auch die Entstehung seiner Entscheidungen in seinem Gehirn, denn er ist ja in der Lage, seine eigenen Gedanken (oder wenigstens die Präsen-

---
[4] Man denke an die vielseitigen, mehr oder weniger berufenen Erklärungen für das schlechte Ergebnis deutscher Schüler in der PISA-Studie: Erklärungen können sehr vielseitig und richtig oder falsch sein.

tationen derselben im Vorstellungsraum) zu beobachten und zu beurteilen. Für unseren Zusammenhang ist psychologisch besonders interessant, dass sich das menschliche Gehirn eine Wirkung *ohne Ursache* nicht vorstellen kann.[5]

Die Leserinnen und Leser wissen selbstverständlich, weshalb sie sich gerade heute Zeit zum Lesen genommen haben, weshalb sie gerade dieses Buch wählten, weshalb sie sich gerade auf diesen Platz gesetzt haben, auf dem sie jetzt sitzen. Den Zufall werden sie als denkende Menschen dafür nur ungern in Anspruch nehmen, vermute ich. Aber vielleicht meint mancher, dass es ganz spontane Entschlüsse gewesen sind. Und man könnte vielleicht „spontan" mit „frei" gleichsetzen wollen. Das ist nicht korrekt. „Spontan" bedeutet zunächst nur, dass man nicht lange nachgedacht hat, dass man die Entscheidung zum Handeln nicht bewusst getroffen hat. Das Gehirn entscheidet sehr viele Dinge unbewusst, auf dem Boden von Erfahrung zum Beispiel. Vor allem, wenn es eilt.

Wir stellen also immer wieder fest, dass ein wesentlicher Teil der Verhaltenssteuerung unbewusst abläuft und/oder auf unbewussten Daten beruht. Gemeint sind nicht nur Gefühle und motivierende Antriebe. Die unüberschaubar zahlreichen Eindrücke und Erlebnisse unserer bisherigen Autobiografie werden automatisch, aber unbewusst zu *Erfahrungen* zusammengefasst. Wir können die Einzelheiten oft nicht mehr zurückzuverfolgen, sie repräsentieren aber ein Kompendium eines lebenslangen Lernens und wiegen bei der Entscheidungsfindung entsprechend schwer.

Prozesse der „emotionalen" unbewussten Intelligenz nutzen diese Erfahrung gewissermaßen automatisch. Die aus dem Unbewussten aufsteigende *Intuition*, die mehr gefühlt als gewusst wird, wirkt bahnend als wichtiger und gewichtiger Wegweiser für die Entscheidungsfindung. Die Intuition kann man sich vor-

---

[5] Für Kant besteht die Kausalität im menschlichen Denken a priori, also grundsätzlich vorgegeben. Es sei die Art und Weise, wie der Mensch sich die Welt aneignet, gemeint ist damit allerdings sein Verständnis, nicht die tatsächliche Struktur der Welt selbst.

stellen als eine unbewusste Verrechnung vielseitiger (bisheriger) Erfahrung mit *neuen Informationen* über die *aktuelle* Situation, über diesbezügliche Sollwerte usw. Das ist eine (sogenannte intrapersonal emotionale) intelligente Leistung im Unbewussten.[6]

Empirische Untersuchungen, gestützt von bildgebenden Verfahren, versuchen die Bedeutung eines derartigen „Bauchgefühls" für die Entscheidung in komplizierten Situationen zu begründen (G. Roth 2007). Die zugrunde liegende Erfahrung im Sinne eines bereits vorab verrechneten Faktorenbündels vermag die geringe Kapazität des Kurzzeitgedächtnisses etwas zu kompensieren: Die ganze Fülle der Vorinformationen aus einem langen Leben wird auf einen Generalnenner gebracht, zu einem einzigen Argument zusammengefasst, sodass der (relativ kleine) Arbeitsspeicher des Gehirns die vielen Einzelheiten vernachlässigen und statt derer noch ein bis drei weitere, aktuell bedeutsame Argumente in die (intelligente) Verarbeitung einbeziehen kann. Also selbst bei der spontanen Entscheidung kann man heute von einer neuronal und damit naturwissenschaftlich erklärbaren Genese ausgehen. Der oben erwähnte Elektromonteur hätte seinen Willen nicht so ohne weiteres umkehren können.

1.4 Der Wille wird in einem mehrstufigen Prozess gebildet

Die Motivationspsychologie hat viele Anstrengungen zur Analyse der bei der Willensbildung beteiligten Vorgänge gemacht (U. Rudolf, oder auch H. Heckhausen; Einzelheiten in Abschnitt 3.5) und besitzt recht detaillierte Vorstellungen, die wir später

---

[6] Intelligenz kann man kurz und pragmatisch definieren als die Fähigkeit, bisher unbekannte Probleme mit den Mitteln des Gehirns zu lösen. Die aktuelle Lebenssituation ist immer in vieler Hinsicht neu und bietet also ständig wenigstens teilweise unbekannte Probleme. Deren Lösung wird von „Heurismen" im Frontalhirn auf der Basis des vorhandenen Wissens und der Erfahrung angestrebt, und zwar im Falle der *emotionalen* Intelligenz *ohne Beteiligung des Bewusstseins* (siehe H. Gardner und Abb. 4.4). Bei der Intuition wird also die persönliche Erfahrung automatisch mit der aktuellen Situation abgeglichen und als „Lösung aus dem Bauch heraus" dem Bewusstsein präsentiert.

anhand von Abbildung 3.1 noch besprechen müssen. Hier zunächst die Feststellung, dass der Mensch nicht plötzlich einfach „einen Willen hat". Gewöhnlich wird zunächst schrittweise aus einem Strauß von Absichten ein *Ziel* ausgewählt, nicht selten unter dem motivierenden Einfluss von angeborenen Bedürfnissen. Auch eine Vorausberechnung des Erfolgs einer geplanten Handlung oder deren Risiko kann ein entscheidender Schritt sein, bevor dann in einer zweiten Phase über Einzelheiten der Aktion entschieden wird. Diese *Entscheidung* ergibt den Willen, der in einer dritten Phase im Sinne einer starken *Motivation* die Handlung initiiert und den Plan durchsetzt.

Wir wollen diesen Prozess hier zunächst nur unter dem Blickwinkel der Verarbeitung von Kausalitäten einerseits und der erwarteten Eingriffsmöglichkeiten andererseits betrachten. Wenn wir gebührend großen Hunger verspüren, könnten wir ihn verdrängen, oder wir könnten in ein Restaurant oder in unsere eigene Küche gehen und könnten mit dieser *Absicht* weiter überlegen, ob wir ein Butterbrot streichen wollen. Dann werden zunächst die relevanten Möglichkeiten recherchiert und die nicht realisierbaren Wünsche verworfen. Dabei kommt es einerseits zu einem *rationalen* Selektionsprozess, der grundsätzliche Fragen zu klären hat, also ob die Umstände das erlauben oder ob noch Wurst oder Käse aufs Brot soll und ob dergleichen überhaupt im Kühlschrank ist. Andererseits ist parallel dazu ein persönliches *emotionales* Abwägen durchzuführen: Was mögen wir lieber, was haben wir nicht vertragen usw. Ursächliche Daten dafür finden sich im Gedächtnis. Beides zusammen ergibt die erste Entscheidung, was wir überhaupt wollen, also zum Beispiel ein Käsebrot. Die Abwägung könnte unter Einbeziehung der emotionalen Gewichte (das sind auch Ursachen) *rein mathematisch als Aufrechnung* erfolgen. Das Resultat dieser Abwägung der Möglichkeiten hat Heckhausen *Intention* genannt.

Auf der Basis dieser grundsätzlichen Intention wird nun in einer zweiten Phase die Ausführung der Handlung geplant, also ob man einen Teller oder ein Messer benötigt usw. In dieser Phase werden andere Möglichkeiten abgeblockt, der Handelnde verfolgt konzentriert den einmal gefassten Entschluss. Als Abschluss der Handlungsplanung folgt die *Entscheidung* zur Handlung, die der *Wille* dann (in einer dritten Phase) in die Tat umsetzt und betreibt.

Wenn es einen freien Willen gäbe, müsste der wohl die erste Phase der Auswahl unter verschiedenen Wünschen und Möglichkeiten abschließen und die konkrete Handlungsplanung einleiten. Allerdings hat man dem freien Willen gelegentlich auch die Durchsetzung der Handlung im Sinne von *Willensstärke* in der dritten Phase zugeschrieben (T. Schramme). Auch zu diesem Prozess könnte man sich frei fühlen, frei speziell auch, um eventuell noch von einem Vorhaben abzulassen, also im obigen Beispiel im letzten Moment doch nicht die rote Ampel zu überfahren und damit nicht schuldig zu werden. Auf diese Einwirkungsgelegenheit für den freien Willen setzt auch Libet mit seiner „Vetophase", von der in Abschnitt 6.1 die Rede sein wird. Der Willensbildungsprozess wird in Kapitel 3 noch eingehender besprochen.

Aber auch diese dritte Phase hat die empirische Psychologie längst analysiert. Man hat zum Beispiel sieben Kontrollstrategien des Gehirns herausgearbeitet, die in Aktion treten können, wenn sich Hindernisse der Handlungsrealisierung in den Weg zu stellen drohen (J. Kuhl, zitiert nach Heckhausen). Man arbeitet an kybernetischen Modellen der Handlungs- und Ausführungskontrolle, in denen der „Wille" in einem Netz von Funktionen aufgeht.

1.5 Die Kausalität beherrscht unseren Alltag

Die grundsätzliche Ablehnung eines freien Willens seitens mancher Vertreter der Naturwissenschaft führt zu der Frage, wo denn überhaupt ein freier Wille *gebraucht* würde. Im Alltag wird jedermann zugeben müssen, dass er eigentlich immer, wenn er *bewusst* entscheidet, umfassend von Argumenten, also Ursachen, Gebrauch macht. Ich werde die übliche Einstellung zu den Ursachen für das Wollen in Kapitel 4 noch einmal aufgreifen und dann als „eigenen" Willen bezeichnen.

Im Alltag hat man das Gefühl, nach dem eigenen Willen, zum persönlichen Vorteil zu entscheiden. Die Leserinnen und Leser mögen einmal überlegen, wann sie überhaupt ausdrücklich eine völlig freie Entscheidung unterstellen, wann sie also keine rechte Ursache für ihr Handeln anzugeben wissen. Das könnte der Fall sein bei Kleinigkeiten des Alltags, besonders dann, wenn eine große Auswahl gegeben ist und eine Entscheidung nach Zufallskriterien keine wichtigen Konsequenzen erwarten lässt. Sie mögen dabei im Auge behalten, dass „Wille" ja mit Bewusstsein und mit Absichten zu tun hat.

Ganz frei zu entscheiden meint man vielleicht, wenn man eine Bluse oder Krawatte kauft, die einem plötzlich gefällt, die man aber nicht wirklich braucht, eigentlich gar nicht wollte, oder wenn man anschließend an einigen Schaufenstern vorbeischlendert und doch noch schnell einen Espresso trinkt, einfach so. Die Aktion war nicht geplant. Zum *Eindruck* eines freien Willens gehört offenbar der *spontane Charakter* einer Entscheidung, eben ohne Überlegen.

Als frei empfindet man vielleicht sogar die Entscheidung für die etwas grelle Farbe des neuen Autos oder des neuen Sofas oder für den Kauf des Bildes von einem unbekannten Künstler, das einfach gefiel. Denn kein anderer hat Anregungen gegeben oder kritisiert. Aber der Aspekt „frei" im Sinne von *nicht fremdbestimmt* entspricht nicht allen Kriterien des hier besprochenen freien Willens, nämlich frei außerhalb des Wirkbereichs der Kausalität.

Als wichtige Rechtfertigung für die Notwendigkeit eines freien Willens wird schließlich das Entscheiden gegen den eigenen Vorteil, wird also der Altruismus angeführt. Aber in der Realität des Alltags wird man auch für altruistische Entscheidungen Ursachen angeben können: jemandem helfen, einem ethischen Gebot folgen oder den Erwartungen der Nachbarn entsprechen. „Aus Mitleid" hätte die gute Tat eine Ursache! In Kapitel 6 und 7 werden die entsprechenden Mechanismen im Zusammenhang dargestellt.

Der Leser mag das noch einmal überdenken: Einerseits meint er zwar „frei" wählen zu können zwischen Alternativen, die sich ihm bieten. Andererseits aber bemüht er sich, alle infrage kommenden Argumente für seine Entscheidung hinsichtlich ihrer Wirkung gegeneinander abzuwägen. Letzteres aber ist eine simple *Verrechnung* beziehungsweise Gewichtung von *vorgegebenen Ursachen*. Die könnte er jedem Computer überlassen. Wir werden dies in Kapitel 4 und 6 genauer untersuchen und dann erkennen: Er kann es tatsächlich seinem Gehirn überlassen.

Die abwägende Arbeitsweise des Gehirns, nämlich die Ursachen zu berücksichtigen, also sogenannte Wenn-dann-Beziehungen zu erkennen und zu lernen, hat sich in der Entwicklungsgeschichte (durch Selektion) offensichtlich herausgebildet, weil diejenigen Individuen *Überlebensvorteile* hatten, die wichtige *Ursachen* in ihr Planen einbeziehen und sich merken konnten. Eine Belohnung für dieses Denkmuster ist genetisch programmiert: Der denkende Mensch empfindet immer dann besonderen Stolz, oft sogar Freude, wenn er im Rückblick meint, ganz logisch konsequent überlegt, die Einzelfaktoren richtig gegeneinander abgewogen und dann erfolgreich entschieden zu haben. Ein „Belohnungszentrum" des Gehirns hat dann automatisch reagiert.[7]

---

[7] M. Spitzer schlägt – allerdings in anderem Zusammenhang, aber auf dem Boden spezieller neurophysiologischer Befunde – vor, besser von einem „Belohnungs*vorhersage*system" zu sprechen. Der Stolz oder die Freude dürften nämlich nicht Selbstzweck sein. Das System mit einem Zentrum im Nucleus accumbens ist zugleich sehr bedeutungsvoll für künftiges Handeln. Es schafft damit Überlebensvorteile.

Im logischen Schlussfolgern wird ganz selbstverständlich die Abfolge von Ursache und Wirkung akzeptiert. Das Denken, insbesondere aber die Intelligenz, folgt prinzipiell dieser Strategie. Der Mensch, übrigens auch der Philosoph, möchte in seinem Denken[8] keine Willkür, und er kann, solange er seine Argumente abwägt, eigentlich auch keinen „freien" und damit unberechenbaren Willen wollen.

1.6 Alles Planen in die Zukunft unterstellt die Kausalität

Eine Entscheidung, die das Gehirn aufgrund von Ursachen fällt, kann *falsch* sein, falsch in Bezug auf Regeln, die die Gesellschaft aufgestellt hat, oder falsch in Bezug auf die Absichten der handelnden Person wie zum Beispiel im geschilderten Fall des Elektromonteurs. Informationen, die gerade zur Verfügung stehen, mögen nicht stimmen, gelernte Regeln mögen nicht ausreichend präsent sein, die Intelligenz des Autofahrers ist vielleicht unzureichend, die Sonne kann ihn beziehungsweise seine Augen blenden.

Solche Fehlerursachen kommen besonders zum Tragen, wenn das Gehirn versucht, die *Zukunft*, also die Folgen der beabsichtigten Handlung, vorauszuberechnen. Um die Zukunft geht es bei vielen Entscheidungen. Auch die *Zukunft* ist durch die Kausalität aller einwirkenden Faktoren bestimmt, wird „verursacht".[9]

---

[8] Auf die Freiheit des *Denkens* kommen wir besonders in Kapitel 2 und 6 zu sprechen, auf die Freiheit in Abschnitt 2.6.

[9] Es wird immer vorausgesetzt, dass man in einem kausal funktionierenden System (wie in der Natur) prinzipiell die Zukunft kennt, wenn man die Regeln kennt, nach denen es funktioniert. Offenbar gibt es aber recht einfache Systeme (zelluläre Automaten), aus deren Regeln sich *nicht* alles künftige Verhalten ableiten lässt (S. Wolfram, zitiert nach B. Kanitscheider). Ein allwissender Weltgeist nach Laplace kann also doch nicht die ganze Zukunft voraussehen? Wenn Autoren aus Unstimmigkeiten bezüglich der Voraussagbarkeit auf Freiheit schließen, habe ich Probleme.

1 Argumente für und gegen den freien Willen

Wir kommen mit dieser Feststellung zu einer sensiblen Konsequenz der Kausalität, nämlich zum *Determinismus*. Wir müssen – ganz konkret in unserer realen physischen Welt – davon ausgehen, dass nicht nur in der Vergangenheit und in der Gegenwart jede Wirkung eine Ursache hat, sondern dass dieses Grundprinzip dann auch in aller Zukunft gilt.

Der Elektromonteur hat den Unfall der Radfahrerin verursacht, haben wir gehört. In der weiteren (künftigen) Abfolge kam sie letztlich zu spät zur Arbeit und bekam Probleme mit ihrem Arbeitgeber, denn sie verlor viel Zeit bei der Versorgung der Unfallfolgen im Krankenhaus. Dort lernte sie im Wartezimmer einen Herrn kennen, der ihr einen besseren Job vermitteln konnte. Sie kann voraussehen, dass die neue Arbeit mehr Freude und ein besseres Einkommen bringen wird. Der Unfall hatte vielerlei Folgen und wird weitere haben. Der junge Mann hat sie alle mit*verursacht*.

Eine Wirkung verursacht immer weitere Wirkungen. Wenn ein unvorstellbar großer Geist alle Ursachen und alle Regeln, nach denen sie wirken können, kennen würde, könnte er die Zukunft voraussagen („Laplace'scher Weltgeist"). Wenn wir diese Feststellungen auf unsere eigenen Aktivitäten beziehen wollten, wäre unser ganzes Handeln nicht nur in der nahen, sondern in aller ferneren Zukunft schon festgelegt, wäre *determiniert*.

Viele Autoren haben versucht, mit Hilfe der (unzureichenden) Hypothese vom Determinismus einen freien Willen nachzuweisen (M. Spitzer 2004). Abgesehen davon, dass es offenbar kausale Systeme gibt, die eine sichere Vorhersage nicht zulassen, wird bei vielen dieser Nachweisversuche unterstellt, dass das Gehirn, das die Freiheit fühlt, über die deterministische Vorhersage informiert wird. Die Folge sind Aporien und Zirkelschlüsse. Man zeigt, dass der Determinismus unter bestimmten Voraussetzungen im Gehirn nicht funktioniert, und schließt daraus, dass es dann dort Freiheit geben müsse.

Andere, naturwissenschaftlich orientierte Autoren betonen, dass es auf dem Boden des Determinismus keine Freiheit geben könne. Alles hänge von vorausgegangenen Konstellationen und Wirkgesetzen ab. Auch der Elektromonteur war in derartige Ursache-Wirkung-Abfolgen eingebunden. Aber man kann fragen, ob diese materialistische Sicht die einzig mögliche Sicht auf die Wirklichkeit ist. Nach geisteswissenschaftlicher Auffassung jedenfalls muss nicht nur das wirklich sein, was sich beweisen lässt (W. Weischedel). Zu dieser Feststellung gelangt man auf der Basis eines völlig frei gedachten Geistes. Auch M. Spitzer verlässt zum Nachweis von Freiheit bewusst die Ebene der objektiven naturwissenschaftlichen Betrachtungsweise zugunsten einer subjektiv erlebten Welt. Das Gefühl der Freiheit sei so real wie der ebenfalls subjektive Zahnschmerz: Kein Außenstehender könne ihn beobachten oder beurteilen. Man sei frei, sofern man sich selbst betrachtet. In dieser meiner Betrachtung geht es aber wie bei manchem anderen Autor (G. Roth, W. Singer) nicht um gefühlte Freiheit des Willens, sondern um die Frage, ob es *in der objektiv zu untersuchenden Welt* einen freien Willen geben kann.

Schon im Vorwort habe ich darauf hingewiesen, dass die Determinierung dem Freiheits*gefühl* der Menschen widerspricht. Die Vorstellung, fest in ein System von Sachzwängen eingefügt zu sein, ist demotivierend. Man lehnt derartige Behauptungen ab, man verdrängt sie.

Zwar vertrauen alle Menschen auf die zuverlässige Abfolge von Ursache und Wirkung, wie wir sagten. Aber in ihrem alltäglichen Fühlen haben die Menschen den Eindruck, Herr ihrer Gedanken und der meisten Entscheidungen zu sein, Argumente selbst auswählen zu können. Sie haben die Erfahrung gemacht, dass sie wollen können, was immer sie wollen, und dass sie aus eigenem Willen handeln können, wenn ihr Wollen einigermaßen realistisch ist. Dies gilt besonders für „handeln" im Sinne von sprechen, seine Meinung sagen oder Ähnlichem. Darüber hinaus registrieren sie ein höchstpersönliches Bauch*gefühl*, handeln scheinbar spontan aus Wut oder aus Liebe, und sie empfinden die Freiheit, eigene gefühlsmäßige Wertungen einzubeziehen, diese Wertungen auch korrigieren zu können. Das erscheint paradox. Ich werde dies später erklären (Kapitel 5).

1.7 Dualismus und der freie Wille

Ich möchte noch einmal auf die Frage zurückkommen, ob der eingangs erwähnte Autofahrer auch anders hätte handeln können. Wie bereits erwähnt, lautet die Antwort der *Geisteswissenschaften* ganz klar Ja, weil er ja nach deren Theorie einen freien Willen hatte.

Den *Willen* kann man (geisteswissenschaftlich) definieren als das ausdrückliche und bewusste Streben nach einem Ziel. Man kann ihn zu verstehen versuchen als eine Spontaneität des Ich, die ihren Ursprung in einer Art Selbsttätigkeit hat (W. Weischedel). Wir hätten es dann mit einem philosophischen Begriff zu tun wie etwa bei der Würde des Menschen oder der personalen Identität. Der freie Wille ist dann ein Phänomen der metaphysischen Ebene. Dem werden nun aber sehr reale Wirkungen unterstellt, zum Beispiel in der Jurisprudenz (Kapitel 8), also in jener höchst realen Welt, in der die Menschen Gesetzesübertretungen begehen.

Diskussionen um den freien Willen führen fast regelmäßig in eine vielschichtige Themenkonstellation. Diese interessanten Gedankengänge von philosophischer, aber auch theologischer und juristischer Seite waren Ausgangspunkt für meine Überlegungen zu diesem Buch. Man könnte erwarten, dass ich auf sie alle eingehe. Da sie aber einerseits auch noch Hypothesen der vorausgegangenen zweieinhalb Jahrtausende in wechselnder Auswahl zugrunde legen, also eine riesige Gedankenvielfalt, und da sie andererseits nur Anregung und allenfalls Gegenpol, aber *nicht* Grundlage für meine Beweisführung sind, werde ich hier und im folgenden Kapitel nur prinzipielle Leitgedanken zu skizzieren versuchen. Mehrere moderne Thesen auf dem Boden dieser Weltanschauung und weiterführende Literatur finden sich bei H. Fink und R. Rosenzweig oder bei C. Geyer.

Grundsätzlich muss der freie Wille ja aus der Einflusszone der physischen Kausalität herausgehalten werden, damit er ganz frei sein kann. Man benötigt also einen *metaphysischen* Bereich, einen Bereich jenseits (griechisch: *meta*) dem der Physis (Physik). Auf dieser Ebene leitet sich der freie Wille aus den Vorstellungen über geistige Freiheit ab. An dieser hängen auch Begriffsbereiche wie Sinn, Ethik und Verantwortung.

Eine dualistische Konfiguration der geistigen Welten ist eine Grundvoraussetzung sehr vieler Denkmodelle in der Philosophie. Der freie Wille ist, und das zeigt schon ein kurzes Studium der einschlägigen Literatur, kaum losgelöst von diesen Vorstellungen zu begründen. Wir müssen also schon in diesem Überblick über den gegenwärtigen Disput mit dem Kapitel des Dualismus beginnen, um die Problematik des Determinismus deutlicher herausstellen zu können.

Die Vorstellungen von einer höheren geistigen Welt außerhalb oder über unserer realen Umwelt, in der Götter und Dämonen wohnen und wirken, sind sicherlich sehr alt. Schon der archaische Mensch hatte vermutlich den Eindruck, dass seine Fähigkeit zum Denken und Planen ihn selbst über die unbelebte und belebte Natur wenigstens teilweise hinaushebe. Viele Philosophen der griechischen Klassik ordneten dann das Denken und sogar das durchdachte Handeln des Menschen in eine andere Ebene ein als die beobachteten Naturereignisse (einschließlich der menschlichen Körperfunktionen und seiner Triebe) und die Technik. Das Denken gehörte zu einer geistigen Welt, die den Menschen die Möglichkeit eröffnete, das Walten ihrer Götter in der Welt zu verstehen (E. Schockenhoff). Homer lokalisierte in diese Ebene schon die Seele, Plato beispielsweise die Ideen aller Dinge und Aristoteles

1 Argumente für und gegen den freien Willen

unter anderem das Unvergängliche. Diese geistige Welt war somit auch die Ebene theologischer Vorstellungen.

Ihre Vielseitigkeit und Farbigkeit gehen verloren, wenn man sie in das Schema einer Übersicht zwängen will. Andererseits scheint es mir ein guter Rat, eine Zeichnung anzufertigen, wenn man den Verdacht vermeiden will, man habe nur ungefähre Vorstellungen oder schwammige Formulierungen anzubieten. Abbildung 1.1 und 1.2 sind also als der Versuch zu werten, für diejenigen Leserinnen und Leser, die nicht mit der Materie vertraut sind, das Prinzip zu zeigen und Begriffe einzuordnen.

Im Mittelalter war im Judentum und im Christentum die Lehre, dass der eigentlich allwissende und allmächtige Gott einen Teil seiner *Freiheit* dem Menschen geschenkt hat, Gegenstand ausgiebiger Dispute. Diese Gabe Gottes ist auch heute

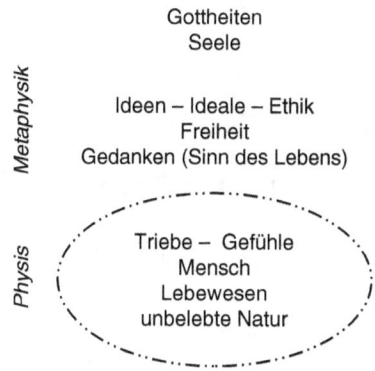

Abb. 1.1 Versuch einer schematischen Darstellung dualistischer Sichtweisen I. In der griechischen Klassik war eine Trennung zwischen der Sphäre der dinglichen Natur einerseits und der Sphäre des Geistes andererseits für die meisten Denker offensichtlich. Aber die Vorstellungen von der metaphysischen Sphäre differierten erheblich. Ein transzendentaler Bereich für die Götter und gottähnlichen Wesen war oft abgegrenzt, andererseits konnten Bereiche des Denkens sogar feinst-stofflich gedacht werden.

wesentlicher Teil einer metaphysischen Ebene, der zugehörig folglich der freie Wille gedacht wird.

Descartes formulierte sehr exakt, dass man trennen müsse zwischen „denkender Substanz" (*res cogitans*) und körperlicher Materie (*res extensa*). In Anlehnung daran unterstellten später Leibniz, Kant und viele andere Philosophen einen *Dualismus* aus der zu beobachtenden und manipulierbaren *physischen* Welt (die im ersten Teil des Kapitels schon besprochen wurde) einerseits und einer subjektiv erfahrbaren (*meta*physischen) Wirklichkeit andererseits (Abbildung 1.2). In letzterer waren

Abb. 1.2 Versuch einer schematischen Darstellung dualistischer Sichtweisen II. Mit der Erstarkung der Naturwissenschaften nach Galilei und Newton verhärtete sich die Abgrenzung eines geschlossenen Systems der Kausalität. Descartes definierte klar eine Dualität zwischen der geistigen und der dinglichen Sphäre, nahm allerdings eine Verbindungsmöglichkeit zum Beispiel in der Zirbeldrüse an. Mit diesem „interaktionistischen" Dualismus begann er eine lange Reihe von Bemühungen um einen Kompatibilismus zwischen Freiheit und striktem Determinismus (linke Hälfte der Grafik). Nach naturwissenschaftlichem Verständnis ist dagegen ein „unbewegter Beweger", der selbst der Kausalität nicht unterliegt, aber kausal wirksam werden könnte, nicht akzeptabel (rechte Hälfte der Abbildung).

persönliche Bemühungen um eine *ethische* Lebensführung ein *Ziel*. Die Freiheit des Denkens und der freie Wille waren dabei ein entscheidendes Agens.

Das Konzept des Dualismus hat eine Konsequenz, die sich letztlich immer ergeben muss, sobald man eine scharfe Trennung von Geist und Körper annimmt, sobald man also zwischen einer metaphysischen Welt des freien Geistes und der Wünsche und einer körperlichen Welt, die von Naturgesetzen determiniert wird, unterscheidet. Das die Geister erhitzende Problem nennt man *mental causation*. Damit ist die Vorstellung gemeint, dass der Wille als mentaler „Beweger" aus einer anderen Seinsschicht heraus den physischen Vorgang des Handelns in der realen Welt auslösen könne. Er müsste von außen in den Kausalstrom der herrschenden Naturgesetze eingreifen, müsste sonst aber ausgegliedert bleiben.

Man braucht also eine Verbindung zwischen diesen Welten: Irgendwie und irgendwo müsste diese geistige Welt in die kausalen Abläufe der determinierten Welt eingreifen können, um dem autonomen Willen reale Geltung zu verschaffen. Aber kein moderner Naturwissenschaftler vermag für eine solche Eingriffsmöglichkeit der rein geistigen Ebene in das geschlossene naturalistische System eine Lücke auszumachen (G. Roth, W. Singer). Es kann kein plötzliches Entstehen von zusätzlichen realen Wirkkräften geben, gewissermaßen aus dem Nichts. Die geistigen Konzepte von einem aus der metaphysischen Ebene heraus wirkenden freien Willen sind mit der naturwissenschaftlichen Vorstellungswelt *nicht kompatibel*, sobald man die Einwirkung der einen auf die andere begründen wollte. Die klare Darstellung dieser Unvereinbarkeit beider Konzepte bezeichnet man mit dem schrecklichen Wort *Inkompatibilismus*.

Es hat eine beachtliche Reihe gut gemeinter Vermittlungsvorschläge gegeben, mit denen „Kompatibilisten" das Modell des freien Willens im Dualismus zu retten versuchen (Darstellungen zum Beispiel bei R. Merkel und T. Goschke). Sie müssen dafür so oder so die Gesetze der Naturwissenschaft beeinträchtigen (Abbildung 1.2, linke Hälfte). Man kann das mit und ohne Kenntnis derselben versuchen, man kann aber auch aufgrund irgendwelcher Kategorienfehler die Zuständigkeit der Naturwissenschaft für gewisse Themen bestreiten. Dagegen wurden natürlich umgehend von „Inkompatibilisten" Gegenargumente vorgelegt.

Aus der Sonderstellung des freien Willens als einem „unbewegten Beweger" ergibt sich übrigens ein weiteres Problem, das wohl schon Aristoteles gesehen hat. Dieser „selbst unbewegte Beweger", der also selbst keiner physischen Kausalität unterliegt, müsste dann auch nicht auf Hinweise aus der realen Ebene reagieren, weil er eben von keiner Ursache bestimmt wird. Der berühmte „Polizist vor der Bank", den man dort zur Abschreckung des Einbrechers postiert hat und der in der realen Welt psychologisch auf den potentiellen Täter einwirkt, würde den freien Willen nicht vom Einbruch abhalten. Der freie Wille müsste also nicht notwendig zur optimalen oder zur guten Tat führen. Jedenfalls christliche Denker stört das nicht so sehr, denn Gott, der dem Menschen die Freiheit des Wollens geschenkt hat, hat damit ja auch ausdrücklich das Böse, gegen das der Mensch ankämpfen soll, eingeschlossen.[10]

Auch aus kompatibilistischer Absicht wurde und wird argumentiert, dass der Einfluss der Kausalität auf die Entscheidungsfindung und die Willensbildung relativ schwach sei, weil ja wesentliche Einflüsse auf der metaphysischen Ebene stattfinden, sobald man zwischen Ursachen und *Gründen* unterscheidet. Gründe sind nach philosophischer Definition jene *Ziele*, die das Individuum einerseits *von sich aus selbst will*, wie Wünsche, Neigungen, Absichten. Sie können aber auch aus Überzeugungen und Überlegungen entstehen. Grün-

---

[10] In der Theologie diskutierte man auch einen „unfreien Willen". Der Wille, der sich als frei versteht, wird in Wahrheit von Gott auf sein Ziel gelenkt.

de lassen verschiedene Alternativen zur Erreichung des Ziels offen und „verursachen" die Handlung daher nicht direkt, wie das reale Ursachen tun, sondern drücken eine *Intentionalität* aus. Sie „bestimmen" lediglich menschliche Handlungen (Genaueres bei R. Merkel oder E. Schockenhoff). Man kann sie sich als Elemente der metaphysischen Ebene denken.

Der Ausgrenzung solcher Gründe aus der Kausalität ist mehrfach widersprochen worden. Ich werde in späteren Kapiteln die Ansicht vertreten, dass das Gehirn diese kategorialen Unterscheidungen bei der Entscheidungsfindung zwar gesondert wertet, aber ebenso wie Ursachen verrechnet. Wir werden in Abschnitt 4.8 erkennen, dass das Gehirn natürlich auch alle Begriffe, Argumentationen, Gesetze usw., die final ausgerichtet sind und von außen kommen, aufnimmt, verarbeitet und gegebenenfalls im Gedächtnis abspeichert. In dieser Form können sie dann (als Argumente) abgerufen und in die Ursachenkombinationen für eine Entscheidungsfindung eingefügt werden.[11]

In der Diskussion um den freien Willen wird häufig die Zuständigkeit der Naturwissenschaften für die Beurteilung geistiger Phänomene und speziell für die Grenzziehung zwischen physischer und metaphysischer Welt infrage gestellt und argumentiert, dass sie weniger exakt und weniger umfassend urteilsfähig seien, als sie gewöhnlich vorgäben. Abgestellt wird dann auf die geringe Zuverlässigkeit unserer Sinne, auf die Subjektivität des Denkens und der Erinnerung, auf die Probleme, die Kommunikation von Gefühlen zu erklären, und andere noch nicht ausreichend erforschte Gebiete mehr. Ich werde im folgenden Kapitel einige Stichworte zu diesen Punkten skizzieren.

Beim Lesen von Schriften der Verfechter eines freien Willens habe ich nicht selten den Eindruck, dass es ihnen gar nicht direkt um den Willen, sondern um die *Freiheit* geht. Das ist nicht dassel-

---

[11] Die „Gründe" sind zu Ursachen geworden. So argumentiert auch G. Roth, und das habe schon Schopenhauer gefordert, zitiert K.-J. Grün.

be. Freiheit ist ein sehr weites Diskussionsfeld, das den Rahmen dieses Überblicks sprengen würde. Es hat jedoch für mein Problem eine gewisse Bedeutung, sodass ich im nächsten Kapitel einige Punkte ansprechen werde. Bevor ich diese Hintergründe auszuleuchten versuche, möchte ich aber kurz innehalten und die bisher besprochenen Themen zusammenfassen:

- Als Kausalität bezeichnet man die unwiderlegte Gesetzmäßigkeit, dass eine Wirkung immer eine oder mehrere Ursachen hat. Bezüglich der Willensbildung gelten auch Gedanken, Erfahrungen, Gefühle, Einstellungen und Ähnliches als Wirkursachen.
- Ursächliche Beeinflussungen der Willensbildung können unbewusst ablaufen. So beruht die Intuition auf langjährig interpolierter Erfahrung, die nun auf (unbewusst) intelligente Weise mit aktuellen Informationen verbunden und als optimales Konzept präsentiert wird.
- Die Willensbildung ist gemäß der psychologischen Forschung in der Regel ein mehrphasiger Prozess, in dem zunächst aus gegebenen Möglichkeiten eine aktuelle ausgewählt und dann hinsichtlich der Durchführung präzisiert wird. Der Wille setzt dann das Konzept in die Tat um.
- Der Mensch hat ein Kausalitätsbedürfnis, das schon in der Evolution Überlebensvorteile bot, weil die Kenntnis von Wenn-dann-Beziehungen eine gewisse Vorausberechnung künftiger Ereignisabfolgen ermöglicht.
- Der Determinismus ist eine Konsequenz der strikten Geltung der Kausalität. Alles künftige Geschehen und damit auch das künftige Handeln des Menschen wäre damit bereits vorausbestimmt. Diese Einsicht müsste zur Apathie führen.
- Trotz seines ständigen Bewusstseins um allgegenwärtige Kausalbeziehungen hat der Mensch das Gefühl, frei entscheiden und wollen zu können.
- Das Denken ist frei, unterliegt keinen äußeren Gesetzen. Daher wird meistens eine „metaphysische" Gedankenwelt

1 Argumente für und gegen den freien Willen

der physischen Welt, die ja durch Gesetzmäßigkeiten reglementiert ist, gegenübergestellt. In der Metaphysik kann ein freier Wille gedacht werden.
- Ein freier Wille kann (wegen des Naturgesetzes der Erhaltung der Energie) nicht in der realen Welt wirksam werden. Denkmodelle, die einen solchen freien Willen unterstellen, sind daher mit dem naturwissenschaftlichen Modell unserer Welt nicht kompatibel.

2
Hintergründe: Gedanken und Freiheit

Die Schilderung in Kapitel 1 sollte den Eindruck darstellen, den der interessierte Leser aus der deutschsprachigen Literatur des letzten Jahrzehnts von der Diskussion um den freien Willen gewinnen könnte. Zwei mehrheitlich unversöhnliche Lager stehen sich gegenüber. Verständlich wird dieser Disput unserer Zeit erst vor einem vielfältigen geistesgeschichtlichen Hintergrund, in Anbetracht eines schon fast zweieinhalb Jahrtausende währenden geistigen Ringens. Ich möchte einige Perspektiven dieses Hintergrundes kurz skizzieren, um Missverständnisse und Vorbehalte gegenüber meiner dann folgenden rein naturwissenschaftlichen Argumentation möglichst zu vermeiden.

2.1 Wir sind mitten in einer Entwicklung

Zuvor allerdings sollten wir uns klarmachen, dass es töricht wäre, im Hinblick auf naturwissenschaftliche Ergebnisse zu unterstellen, dass man nicht *mehr* wissen könne, als man heute weiß, dass man also heute alle Möglichkeiten, die die Wissenschaft leisten kann, überblicken könne. Wir sind mitten in einer immer rasanter fortschreitenden Ausweitung und Präzisierung unseres Wissens, ob es nun um Krebsmittel oder die Genforschung, um Solarzellen oder um Bosonen und die Stringtheorie in der Mikrophysik geht. Um konkret zu werden: Gerade Wahrscheinlichkeiten und Vermutungen von Zufall in der Quantenphysik sollte man besser nicht zur Grundlage von Argumentationen machen, über die man in 200 Jahren vielleicht lächeln würde. Viele von denen, die in der Vergangenheit einmal festgestellt haben, dass irgend etwas nicht möglich sei, sind in der Zwischenzeit widerlegt worden. Man soll nie „nie" sagen.

In der Philosophie ist es ähnlich. Erstaunliche Gedankengebäude wurden errichtet und wieder angezweifelt, immer neue Weltanschauungen durchgespielt. Und es wurden Regeln aufgestellt, in welchen Kategorien man Schlüsse ziehen darf oder muss und in welchen nicht. Althergebrachtes hat sich bewährt. Trotzdem sollte man nicht folgern, dass die vielen brillanten Denker gerade der letzten 200 Jahre alle Möglichkeiten ausgeschöpft, alle Grenzen vernünftigen Denkens ausgeleuchtet, alle Fragen aufgeworfen und beantwortet haben. Man muss kein Optimist sein, um zu prophezeien, dass das noch nicht das Schlussfeuerwerk gewesen ist.

Ich stelle mir die „geistige Landschaft" der Menschheit eher wie ein großes Neubaugebiet vor. In einigen Hochhäusern sind schon komfortable Wohnungen und Geschäfte eingerichtet, in neueren Betongerüsten dagegen kann man die künftige Nutzung noch kaum erkennen, und von einem angrenzenden Waldstück weiß man nicht, ob es überhaupt einmal bebaut werden kann.

2.2 Das Denkmodell des naturwissenschaftlichen Realismus

Wir sind alle aus Fleisch und Blut. Wir denken und fühlen alle mit Gehirnen, die aus sehr natürlichem Gewebe bestehen und in denen 100 Milliarden Nervenzellen erstaunliche

2 Hintergründe: Gedanken und Freiheit

Leistungen vollbringen. Sie dirigieren und überwachen nicht nur alle Organe des Körpers; Verbände dieser Zellen ermöglichen auch eine Erinnerung daran, was wir etwa am Vortag gesehen haben, und zwar als Repräsentation vor unserem „inneren Auge". Sie ermöglichen uns, über diese Bilder in unserem „Vorstellungsraum" nachzudenken und diese Gedanken anderen zu erzählen. Sie bilden komplizierte Netzwerke, mit deren Hilfe man diese Gedanken aufschreiben oder gar die von anderen Menschen aufgeschriebenen Vorstellungen lesen und verstehen kann, um sie dann selbst in unserem „Vorstellungsraum" mit unseren eigenen Überlegungen zu kombinieren. Andere Zellverbände des Gehirns generieren Motivationen, die uns zum Handeln oder zum Besuch eines Freundes bewegen, und ein weit verzweigtes System von emotionalen Zentren bewertet alles Gesehene, Gehörte, Erinnerte oder Gedachte mit persönlichen Gefühlen.

Mit der Aufzählung all dessen, was die Nervenzellverbände des Gehirns tun und können, ließe sich ein Buch füllen. Einiges werde ich später noch referieren. Hier will ich nur zweierlei herausstellen: einerseits das *Erforschen* dieser Welt einschließlich der *Gehirne* von Lebewesen und andererseits das *Philosophieren* zum Beispiel über *Ethik*. Es sind in beiden Fällen neuronale Netze, die Gedanken analysieren, miteinander vergleichen und eventuell zu neuen Ideen kombinieren. Das Resultat kann ein Bericht über das Erkennen farbiger Bilder oder eine philosophische Abhandlung über die Freiheit sein. Der Unterschied zwischen beiden liegt im Inhalt und in der Form, aber nicht im Substrat, mit dessen Hilfe der Inhalt zustande kam und eventuell weiterverarbeitet wird. Man kann die geistigen Produkte aufschreiben, drucken lassen und in verschiedenen Bücherschränken ablegen. Man kann sie einteilen in naturwissenschaftliche und philosophische Schriften, bezogen auf die reale oder die begriffliche Ebene. Aber sie bleiben Teile *einer geistigen Welt*.

Die *Gedanken* können anschaulich sein, wenn man sich zum Beispiel eine Synapse zwischen zwei Nervenzellen vorstellt oder die Daten der Heizölpreise, die man sich in einer Tabelle aufgelistet denkt. Für gewisse Zwecke funktioniert der Vorstellungsraum des Gehirns wie eine innere Leinwand, auf der man Formen oder Formeln sieht. Die Gedanken können aber auch Abstraktes behandeln, etwa über Verantwortung oder über Zurechnungsfähigkeit. Man kann sie auch in dieser abstrakten Form weiterdenken. Man kann sich überlegen, wie man sie in einem imaginären Gespräch einem Kollegen vortragen möchte, und man kann sich dessen vermutliche Reaktion oder Kritik vorstellen.

Man „bekommt" solche Gedanken nicht einfach aus dem Nichts. Sie haben ihre *Ursachen*. Bei einem Neurowissenschaftler ist das offensichtlich: Ihn treibt der Wunsch, das Nervennetz zu verstehen. Den Psychologen interessiert das stereotype oder seltsame Verhalten seiner Mitmenschen. Am Beginn steht eine Beobachtung oder ein Hinweis: *Warum* begleiten sie ihre Gefühle mit charakteristischen Gesichtsausdrücken, und wie schaffen sie es, aufgrund derartiger Mimiken der Mitmenschen *deren* Gefühle nachzuvollziehen? Das Staunen ist der Beginn, also die Ursache aller Wissenschaft, das wussten schon die alten Griechen. Und im Bereich der Natur akzeptiert jeder das System von Ursache und Wirkung und weiß, dass auch die forschenden *Gedanken* diesem Prinzip folgen müssen.

Dass man bezüglich der Beweisbarkeit etwa von *Naturgesetzen* (bislang) gescheitert ist, dass alle noch so genauen Messungen, die ja ein prinzipielles Kriterium der „exakten" Naturwissenschaften sind, nur innerhalb von *Fehlerbreiten* möglich sind, dass man im mikrophysikalischen Grenzbereich zum Beispiel den Einfluss des Beobachters aus den Ergebnissen seines Experiments nicht heraushalten kann, bringt die Naturwissenschaft nach einer gewissen Machbarkeitseuphorie sehr langsam wieder zur gebotenen Nachdenklichkeit und Bescheidenheit bezüglich letztlicher Sicherheit oder gar Wahrheit zurück, speziell in extremen Grenzbereichen (H. Pietschmann). Allerdings sind Hohn und Hochmut, die von geisteswissenschaftlichen Gegnern aus diesen Resultaten strenger erkenntnistheoretischer Kritik abgeleitet werden, nicht hilfreich für eine korrekte Wertung der Standpunkte.

Richtig ist einerseits, dass die naturwissenschaftlichen Ergebnisse im Geltungsbereich der *Makrophysik*, also in unserem Lebensumfeld, sicher und verlässlich sind und absolut, also widerspruchsfrei, gelten. Sie können uns als richtige Erkenntnis über diese Welt dienen. Die Erfolge der Technik und anderer angewandter Wissenschaften zeigen dies zweifelsfrei. Die Ergebnisse sind reproduzierbar und so weit zu verallgemeinern, dass wir sie getrost als verlässliche Grundlage für unser Handeln nehmen können. Ganz speziell bin ich überzeugt, dass sie im Bereich der Psychologie für Argumentationen, wie ich sie in diesem Buch vorlege, als hinreichend gesichert akzeptiert werden können (soweit ich sie nicht als noch unbewiesene Hypothese gekennzeichnet habe).

Und wie entstehen philosophische Gedanken? Ebenfalls oft aus dem „Sichwundern" oder aus den Fragen nach dem Sinn, aber auch einfach aus Zweifeln oder wegen herausfordernder Formulierungen eines Kollegen. Jedenfalls haben auch philosophische Gedanken immer wenigstens eine Ursache (oder einen „Grund"), werden im virtuellen Raum des Gehirns analysiert, mit anderen Informationen aus dem Gedächtnis verglichen, zu neuen Argumenten kombiniert.

Jeder Philosoph bezieht sich auf Anregungen der großen griechischen Denker. Seine Schriften sind gespickt mit seitengenauen Verweisen auf eigene frühere Arbeiten oder auf die von anderen Kollegen. Er ist stolz darauf, jedes seiner Argumente, also jede „Ursache", für neue Folgerungen immer logisch auf der vorherigen aufzubauen, schon weil sein

Gedankengebäude sonst nicht verstanden, weil es schlimmstenfalls sogar zusammenbrechen würde. Es können andere Formen der Kausalität sein als in der Naturwissenschaft, die hier benutzt werden. Bei vielen Gedankeninhalten geht es nicht so sehr um greifbare Wirkungen (wie in der Naturwissenschaft), sondern um abstrakte Ziele. Man ist nicht nur ehrlich, weil es die Mutter einem so eingeprägt hat (kausal), sondern weil man (final) seinen Freund nicht enttäuschen will. Entsprechend ergeben sich auch ganz andere Resultate als in der Naturwissenschaft: die Prinzipien der Freiheit, die Schönheit der Musik, die Erhabenheit einer Gottheit. Aber es ist das gleiche Prinzip im gleichen Organ, das Gedanken bearbeitet.

Bis hierhin habe ich eine naturalistische Schilderung unseres Denkapparats gegeben. Dieses Modell werde ich meiner Argumentation ab Kapitel 3 zugrunde legen. Es ist keineswegs allgemein anerkannt.

2.3 Die mangelhafte Realitätstreue der Sinne und des Denkens

Die Welt der Gedanken imponierte in der Frühzeit als etwas völlig anderes als die materielle Welt. Verwirrend war und ist für manche auch heute noch, dass die Präsentation beziehungsweise Reproduktion im Gehirn mit der Realität in der Umwelt oft nicht ausreichend übereinstimmt, dass also Zweifel nicht nur über die Fähigkeit zur *Erfassung der Realität*, sondern an der Wirklichkeit derselben *überhaupt* entstanden. Plato schuf in seinem Höhlengleichnis die Vorstellung, dass jedenfalls der normale Mensch nur eine Art Schatten des Wirklichen sehen kann.

Kant führte als Begründung für den Dualismus unter anderem an, dass man mit den limitierten Möglichkeiten der menschlichen Sinne die Dinge so, wie sie wirklich sind, nicht wahrnehmen kann. Diese Limitierung (in der Sicht seiner

2 Hintergründe: Gedanken und Freiheit

Zeit) beurteilte er als endgültig und naturgegeben. Viele Philosophen haben diese Theorie in der Folge übernommen. Im geistigen Feld der reinen Vernunft sucht der Denkende nach der Wahrheit, hier zweifelt er aber auch immer wieder, denn unwiderlegbare Beweise gibt es nicht in der Philosophie.

Die moderne naturwissenschaftlich orientierte Psychologie hat, als empirische Forschungen immer größere Bedeutung erlangten, der dualistischen Vorstellung ungewollt zusätzliche Argumente in die Hand gegeben. Sie präzisierte, dass der Mensch in seinem geistigen „Vorstellungsraum" die ihn umgebende Welt nicht „wirklichkeitsgetreu" abbildet, sondern so, wie seine unvollkommenen Sinnesorgane die Phänomene der Welt aufnehmen. Unsere Augen besitzen zum Beispiel keine Rezeptoren für die *UV-Strahlen* des Sonnenlichts, die natürlich auch von vielen Oberflächen reflektiert werden. Bienen und andere Insekten haben dafür empfindliche Sinnesorgane, sehen aber kein Rot. Sie „sehen" die Welt, zum Beispiel die Blumen, in anderer Weise farbig als wir. Unsere Netzhaut lässt leider einen Teil der gesamten, vollkommenen Farbskala unberücksichtigt, zeigt ein insoweit unvollständiges Bild. Und anders als die Fledermäuse oder Hunde hören wir keinen Ultraschall. Unsere sechs Sinne haben sich in der Phylogenese entwickelt, damit wir uns in unserer (realen) Umwelt zurechtfinden, nicht dazu, dass wir die Welt in Gänze durchschauen.

Zu derartigen Argumenten kam die Entdeckung von immer mehr *Sinnestäuschungen*. Ferner muss jeder, der sich selbst dahingehend beobachtet, zugeben, dass seine Wahrnehmung der umgebenden Welt *hoch selektiv* ist. Man beachtet von den vielen Einzelheiten der Welt nur das, was einen grade interessiert oder was die Aufmerksamkeit auf sich zieht.

Dass unsere Sinnesorgane die Umwelt nur ausschnitt- und stichprobenweise aufnehmen, ist auch eine Frage der Wirtschaftlichkeit. Im Prinzip (!) könnte man das vergleichen mit der Komprimierung von Musik- oder Filmdateien in der Unterhaltungsindustrie: Unwichtiges wird weggelassen, um die Systeme nicht zu überlasten. Auch für diese relativ sparsame Informationsaufnahme ist ein gigantischer Rechenaufwand nötig. Seine Leistung liegt allerdings zum Teil darin, die „Lücken" zwischen den Einzelinformationen auszufüllen, Fehlendes zu interpolieren. (Dass dabei letztlich nur so wenige Sinnestäuschungen auftreten, dass Psychologen gezielt nach ihnen suchen müssen, ist immerhin bewundernswert.)

Wenn aber – so hat man immer wieder argumentiert – unsere Wahrnehmung die Welt wegen der Selektivität und der Interpolation nicht wirklichkeitsgetreu abbildet, wie kann der Mensch dann überhaupt die *Wirklichkeit* erkennen? Bewegt er sich nicht mit seiner zerebralen Präsentation in einer *Scheinwelt?* Man hat diesen Zweifel schließlich sogar auf die Ergebnisse experimentell-wissenschaftlicher Untersuchungen ausgedehnt. Wenn die Grenze zur Realität auf diese Weise zu verschwimmen scheint, lassen sich vielerlei Argumente finden, um aller Kritik an einem freien Willen zu begegnen.

Die mangelhafte Passgenauigkeit zwischen der gedanklichen Behandlung seiner Umwelt im Gehirn des Menschen und der Realität wird um eine ganze Dimension verschlimmert durch die *Subjektivität* allen Denkens. Unser Gehirn gleicht automatisch alle Sinnesdaten mit solchen aus der persönlichen *Erfahrung* ab. Eingeschlossen ist dann immer auch die frühere emotionale Bewertung. Die Leserinnen und Leser werden sich oft über die engstirnige, mit Vorurteilen (!) aller Art belastete Weltsicht ihrer Mitbürger wundern oder ärgern. Jeder „sieht" durch *seine persönliche* Brille und urteilt dadurch anders als alle anderen. Aber auch er beurteilt die eine reale Welt, nur eben immer bezogen auf seine eigenen Erfahrungen.

Fußballspieler und ihre Fans sehen ein Spiel und die Fouls darin jeweils aus der Sicht „ihrer" Mannschaft – praktisch sieht jeder ein anderes Spiel. Das ist abhängig von der Einstellung: Es wird nicht nur anders gewertet, es wird festgelegt, was wahrgenommen werden soll. Auch eine Landschaft wird erst

2 Hintergründe: Gedanken und Freiheit

durch subjektive Bewertung zur erhabenen oder romantischen oder wilden Natur. Die Kunstgeschichte zeugt von modischen Sichtweisen.

An diesen Punkten setzen viele Debatten um übersinnliche Welten an. Sie erhalten zusätzlichen Auftrieb durch die Erkenntnis, dass sich das individuelle *Fühlen* der zwischenmenschlichen Kommunikation und vor allem der empirischen Forschung entzieht. Ich kann nicht wissen, wie mein Nachbar die Farbe Rot einer Rose empfindet, wie er sie mit seinem geistigen Auge „sieht". Er könnte es mir nur an Beispielen anderer farbiger Gegenstände, also etwa an der Farbe einer Bluse oder eines Autos, erklären. Aber wie er die sieht, kann ich ja wiederum nicht genau wissen. Und ich weiß es schon gar nicht, wenn sich herausstellt, dass mein Gesprächspartner farbenblind ist, also zum Beispiel Rot gar nicht als gesonderte Farbe wahrnehmen kann.

Weitere schwer oder gar nicht „vorstellbare" Ergebnisse der Neurowissenschaften komplizieren das Problem: Die Sinneszellen in der Netzhaut unseres Auges registrieren zwar die einfallenden Strahlen sehr differenziert, aber weitere Nervenzellen im Auge verrechnen sie sogleich zu einem Dutzend spezieller „Filme" und leiten diese an das Gehirn als Nervenimpulse weiter, die dann zwar vielfältig weiterverarbeitet werden, aus denen aber *nie wieder eine Farbe*, sondern nur *neurologische Signalkombinationen* entstehen. Ähnlich verhält es sich mit der Aufarbeitung von Tönen, Gerüchen, Hautreizungen usw.

Wir können aus Experimenten ableiten, dass gewisse Konstellationen von Überträgerstoffen zwischen gewissen Hirnzellen und daraus resultierende Zellerregungen der *Farbe* Rot an einer bestimmten Rose oder der Bluse der Kollegin entsprechen. Aber auch diese *Gegenstände* selbst, also die Rose und die Bluse, sind nur durch Signalkombinationen im Gehirn repräsentiert.

Immer wieder wurde eingewendet, dass die Naturwissenschaft endgültig versagen müsse, wenn man die Gefühle von

Romeo und Julia oder auch nur die des Zuschauers des Schauspiels erklären wolle. Ein Kunstwerk könne man physisch beschreiben als eine Anordnung von Farbpigmenten auf einer Leinwand, aber nicht erklären könne man die seelisch-psychologische, den Menschen als „Selbst" bewegende Empfindung. Dergleichen könne nur in einer höheren geistigen Ebene vorgestellt werden. Man hat gewisse geistige Phänomene in unserem „Vorstellungsraum" mit dem Begriff *Qualia* („gleichsam ähnlich beschaffen")[1] belegt. Man hat versucht, sie als transzendental und damit der neurowissenschaftlichen Forschung entzogen einzustufen. Dem Modell wurde von beiden Seiten widersprochen.

In Abschnitt 6.1 und in Abbildung 6.1 werde ich ein Modell zeigen, das schon gut begründete Hypothesen für derart komplizierte emotionale Vorgänge anbietet, und wo im Gehirn jedenfalls Anteile dieser erhabenen Gefühle stattfinden, weiß man schon recht gut. Im menschlichen Gehirn erzeugt das gleiche Belohnungszentrum (Nucleus accumbens) ein freudiges Gefühl beim Gedenken an einen guten Freund, das auch während der Lieblingsmusik von Mozart aktiv ist oder anlässlich des Genusses von Schokolade Freude auslöst.

Wir erleben die Welt in unserem Bewusstsein auf eine im Blick auf die neurologischen Einzelheiten noch nicht geklärte Weise. Diesen offensichtlichen Mangel kann man schlicht als ein noch ungelöstes *erkenntnistheoretisches* Problem sehen, das die Naturwissenschaft eben noch nicht, vielleicht sogar in absehbarer Zeit gar nicht erklären kann, das aber prinzipiell *erklärbar* ist. Man findet ein Kunstwerk, zum Beispiel

---

[1] Als Qualia wurden subjektive Erlebnisinhalte bezeichnet, die (noch) nicht oder nur schwer auf objektive neuronale Mechanismen bezogen werden können. Gemeint sind Gefühle, die man bei Gedanken oder Handlungen begleitend und unbestimmt hat, ohne sie präzise benennen oder gar wissenschaftlich untersuchen zu können. Man kann („noch" sagt der Naturwissenschaftler) nicht (sagt der Philosoph) erklären, warum mentale Zustände wie Schmerzen die Eigenschaft haben, erlebt zu werden. Philosophisch wird ein kategorialer Unterschied zu neuronalen Vorgängen angenommen.

2 Hintergründe: Gedanken und Freiheit 35

ein Gemälde, überwältigend schön, weil ein Vorgang im Gehirn den Eindruck „schön" erzeugt. Den genauen Mechanismus kann man (noch?) nicht erklären. Aber man kann heute schon zeigen, welche Zentren im Gehirn dann besonders stark arbeiten, und darf schließen, dass sie folglich mit dem Entstehen dieser Empfindung zu tun haben. Man geht dann davon aus, dass es neuronale Vorgänge sind, die im Gehirn „Repräsentationen" von realen Phänomenen erzeugen, dass also alles auf dem Boden der bekannten Naturgesetze abläuft. Wir können allenfalls bedauern, dass die Evolution es bisher nicht für nötig erachtet hat, unser Gehirn derart weiterzuentwickeln, dass wir unseren eigenen Präsentationsapparat besser verstehen. Aber wir sollten das verstehend akzeptieren. Dafür plädiert auf seine Art auch D. Dennett.

Immerhin haben wir die Möglichkeiten unserer Sinne durch Instrumente ganz wesentlich erweitert und verbessert, sodass wir heute unsere wissenschaftlichen Erkenntnisse auf mannigfache Weise verifizieren können. Nun sind wir bei der Erforschung der Realität nicht mehr ausschließlich auf unsere Sinne, nicht einmal auf unser Vorstellungsvermögen angewiesen.

Die gegenwärtige Erklärungsnot bezüglich vieler mentaler Phänomene wurde aber auch zum Anlass genommen, die Zuständigkeit der Naturwissenschaft besonders im unbewussten und im emotionalen Bereich grundsätzlich infrage zu stellen. Ihr wurde sogar die Berechtigung abgesprochen, Zustände wie das Bewusstsein überhaupt zu untersuchen.[2]

---

[2] Man kann mit Hilfe philosophischer Argumentation zum Beispiel ableiten, dass eine Untersuchung des Bewusstseins grundsätzlich unmöglich sei (E. Schockenhoff): Das Bewusstsein ist natürlich eine Voraussetzung für eine Untersuchung desselben. Wenn man nun seine Funktion zurückführen möchte auf physiologische Grundphänomene, spielt sich dieser Vorgang im Bewusstsein selbst ab. Dann würde aber die Untersuchung ihre eigenen Voraussetzungen, nämlich das Bewusstsein als Ganzes, in Einzelteile zerlegen. Das sei ein Selbstwiderspruch. Die Untersuchung zerstöre ihre eigene Voraussetzung. Schockenhoff verkennt, dass die Naturwissenschaft mit anderen Methoden auf einer ganz anderen begrifflichen Ebene arbeitet als die philosophische beziehungsweise sophistische Dogmatik. Man kann unter Benutzung des eigenen Bewusstseins durchaus dasjenige eines Tieres oder eines anderen Menschen untersuchen.

2.4 Die Subjektivität der Gedanken

In allen Weltkulturen werden seit zweieinhalb Jahrtausenden alle erdenklichen wichtigen Fragen philosophisch untersucht, es wird um Erkenntnisse und möglicherweise um Antworten gerungen. In Europa war das klassische Griechenland hierbei besonders fruchtbar und erfolgreich. Es ging um Zielsetzungen für das Leben, um den Genuss des Augenblicks angesichts der Sterblichkeit, es ging um tugendhafte Lebensführung bis zur Würde harter Erwerbsarbeit. Man philosophierte über die Sinngebung von Leiden und Schicksal wie von Glück und Ruhm, von Tapferkeit, Wahrheit oder Askese. Man suchte nach Antworten auf Fragen nach der Seele und ihrer eventuellen Wanderung oder bezüglich der Sehnsucht nach Erlösung durch den Tod (ausführlich bei F. Wehrli). Die Schwerpunkte der Philosophie variierten im Laufe der Jahrhunderte, auch die Methoden, und natürlich die Erkenntnisse und Antworten.

Grundsätzlich ist man auf der Suche nach *Wahrheiten*, die durchaus widersprüchlich sein können, die angezweifelt werden und trotz allem geglaubt werden müssen. Das Erkennen derselben ist die höchste Möglichkeit des Menschen, natürlich in einer abgehobenen, erhabenen geistigen Welt. Und auf dieser höchsten Ebene musste auch der *Wille* angesiedelt sein. Er ist es ja, der dann nach dem als höchstes Ziel erkannten Guten und nach dem wahren Glück streben muss. Es gab manche Wechsel der formalen und der inhaltlichen Gliederung in der geistigen Welt des Suchens und Strebens (siehe Abbildung 1.1). Grenzen dieser metaphysischen Gedankenwelt gab es einerseits gegenüber der transzendentalen Sphäre der Götter (von denen man meistens annahm, dass sie die ethischen Werte schützen) und andererseits gegenüber der realen Natur.

Man hatte natürlich auch schon im Altertum Experimente zu Naturphänomenen oder Sektionen an Tieren durchgeführt, aber eher beiläufig. Hier suchte man nach Erkenntnissen und Erklärungen. Sie sollten richtig, eindeutig und allgemeinverständlich sein. Über ihre ersten Ergebnisse hat man vorzugsweise philosophierend nach*gedacht*.[3] Diese *Naturphilosophie* war ein selbstverständlicher Teil der damaligen Gedankenwelt. Und man sah die Umwelt oft anthropomorph. Meister Ekkehard glaubte (im 11. Jahrhundert), dass es einem Stein „angeboren" sei, nach unten fallen und auf dem Boden liegen zu *wollen* (zitiert nach H. Pietschmann). Ausgegliedert wurde die Naturforschung schließlich schrittweise unter dem Eindruck des strikt kausalitätsbezogenen Denkens der Naturwissenschaftler in den letzten 350 Jahren und letztlich infolge des Anspruchs der Naturwissenschaft auf den alleinigen Zugriff auf eine beweisbare Realität. Er beeinflusste die ganze zivilisierte Welt.

Seit Galilei und Newton machte die Naturwissenschaft rasche Fortschritte in ihrem Bestreben, die reale Welt und speziell die in ihr wirkenden Kräfte zu definieren und zu erklären. Überall war Ursache und Wirkung. Es kristallisierten sich Naturgesetze heraus, die zwar nicht positiv zu beweisen, aber jedenfalls nicht zu widerlegen und allgemeingültig waren. Das Experiment mit Messen und Beweis beherrschte das naturwissenschaftliche Denken. Demgegenüber geriet das philosophische Denken mit dem Forschen nach dem Sinn (final), nach Form- und Materialursachen in eine eigene Welt und letztlich in Gegensatz zur Naturwissenschaft.

2.5 Dualismus

Wie in Kapitel 1 schon angesprochen stellt man sich im philosophischen Dualismus im Gegensatz zur realen (naturalistischen) Welt jenseits unserer praktischen Erfahrung eine

---

[3] Auch sehr sorgfältiges Nachdenken schützt freilich nicht vor Fehlschlüssen, wenn ausreichende Informationen fehlen. Aristoteles, auf dessen Überlegungen (Systematik) das Philosophieren des Abendlandes aufbaut und der auch Tiersektionen durchführte, kam zu dem Schluss, dass das Denken in der Nähe des Herzens stattfinde und dass die Aufgabe des Gehirns im Kühlen des Körpers bestehe.

metaphysische Welt vor. In ihr werden transzendentale Phänomene wie die Liebe Gottes wirksam. In ihr stellt man sich die Seele vor, das Göttliche im Menschen. Hier waren aber auch die „Ideen" Platos lokalisiert, die Ideale, nach denen der Mensch strebt, die er aber nicht erreichen kann. Hier dachten sich die Philosophen der griechischen Klassik auch die wichtigen ethischen Vorgaben, über die alle Götter ebenso wie über das Recht wachten. Aristoteles unterschied in seinem *psychologischen* Dualismus auch zwischen einem vernünftigen und einem triebhaften (!) Seelenteil, wobei die emotionalen Kräfte von ersterem gelenkt werden sollten. Die Kräfte dieses vernünftigen Seelenteils sollten den triebhaften im Menschen zügeln wie ein Wagenlenker seine wilden Rosse. Auch Kierckegaard definierte in der metaphysischen Gedankenwelt das göttliche Wirken im Menschen: Der Mensch wurde durch Teilhabe an dieser Ebene eine Synthese von Unendlichkeit und Endlichkeit, von Freiheit und Notwendigkeit (zitiert nach A. Anzenbacher).

Einzelheiten der Vorstellung wechselten von Denker zu Denker. Die metaphysische Sphäre wurde zunehmend als Phänomen des menschlichen Subjekts gesehen, als Phänomen, das der Mensch nur ganz allein in seinem Kopf bearbeiten kann. Das Denken ist hier frei, ohne weltlichen Richter, allenfalls der Selbstkritik und dem Gewissen untergeordnet.

Eine scharfe Grenze zwischen dem Geistigen und der materiellen Welt zog dann Descartes. Zur geistigen Welt gehört der Glauben. Schon er (zitiert nach A. Damasio) sah aber die Problematik einer strikten Trennung beider Entitäten und glaubte in der Epiphyse („Zirbeldrüse") des menschlichen Gehirns den Bereich gefunden zu haben, der die beiden Ebenen verknüpft. Wegen dieser organischen Verbindung hat man seinen Dualismus später „interaktionistisch" genannt im Gegensatz zur strikt „nicht interaktionistischen" Auffassung, die dann Leibniz vertrat.

2 Hintergründe: Gedanken und Freiheit

Auch für Kant war die Ebene der *reinen Vernunft* der Bereich der wahren Erkenntnis. Er versuchte eine wissenschaftliche Annäherung an dieses Erkennen, das vor aller empirischen Erfahrung liegt. Hier sah Kant auch die *Freiheit*, die hier nämlich von keinem (Natur-)Gesetz eingeengt wird. Konsequenterweise muss man sich in dieser freien metaphysischen Welt auch den *freien Willen* vorstellen (der dann aber – ebenso konsequent – von dieser geistigen Welt aus nicht in die physische hineinwirken kann, wie das schon in Kapitel 1 ausgeführt wurde).

Schopenhauer stellte sodann fest, dass ein freier Wille in einem radikal nicht interaktionistischen System nicht funktionieren könne, wenn er nämlich ohne alle realen Anlässe oder Ursachen *entstehen* solle. Für ihn war das Konzept eines freien Willens damit eine Illusion. So nahm er chaotische, also äußerst komplexe Ursachen der als frei *empfundenen* Willensbildung an.

Interessant ist, dass vielfach das sogenannte „Ich" des Denkenden ebenfalls in die metaphysische Ebene verlegt wird. Sehr oft kann man gerade in der aktuellen Diskussion lesen: „Ich denke mit dem Gehirn und nicht das Gehirn statt meiner." Mitunter wird die Funktion des Gehirns beim Denken sogar ganz übergangen: „Nicht das Gehirn denkt, sondern ich."

Der *Dualismus* mit der harten Grenzziehung, wie er uns in vielen aktuellen Veröffentlichungen entgegentritt, ist ein theologisches und philosophisches Konstrukt. Er entspricht nicht den alltagspsychologischen Erfahrungen. Jeder Mensch kann in seinem Denken übergangslos abwechselnd an den Gott, an den er glaubt, an ethische Vorgaben und an eine gute Tat, die er beabsichtigt, und an die Vorbereitung seines Abendessens denken. Das würde sich dann entsprechend der materialistischen beziehungsweise neurowissenschaftlichen Vorstellung *in einem einzigen* „Vorstellungsraum", also einem neuronalen Funktionsnetz, abspielen, in dem alle Denkvorgänge ablaufen.

Jeder heutige Mensch kann allerdings auch nachvollziehen, dass er gleichsam in zwei Welten denkt: in jener *objektiven*, mit Experimenten beweisbaren „Welt", die er anfassen kann, in der jeder andere ebenfalls ein Glas, das auf den Fußboden fällt und zerschellt, in gleicher Weise sieht und erlebt, und die er mit objektiven Begriffen zu beschreiben sucht (*es* ist so; er beschreibt sie in der Perspektive der dritten Person), und in einer anderen *subjektiven* „Welt" im eigenen Bewusstsein, die er nur selbst erkennt und empfindet, die er also aus der „Perspektive der ersten Person" sieht (*ich* empfinde dies, und *ich* stelle mir jenes vor), in der er auch Luftschlösser bauen kann und die nur ihm selbst gehört.

Im Alltag haben wir auch kein Problem, von einer prinzipiell naturwissenschaftlichen Denkweise im Sinne der bewirkenden Kausalität in die eher philosophische finale Kategorie zu wechseln: Wenn die Mutter schwer erkrankt, möchte man zunächst möglichst eindeutig, begründbar und widerspruchsfrei wissen, wie es wohl zu dem Organversagen kam, um im nächsten Satz dann abzuwägen, wofür dieses Leiden nun gut sein soll und womit sie es „verdient" hat nach all der Mühe usw.

Wir müssen diese subjektive Welt, unsere Innenperspektive ernst nehmen, müssen sie als eine besondere *Wirklichkeit* auffassen. Hier entstehen und wirken das Verantwortungsgefühl, das Schuldbewusstsein und die Reue, die uns noch beschäftigen werden. Sie sind geradezu real vorhanden. Sie können, wie wir genauer besprechen werden, im Gedächtnis gespeichert und dann wieder erinnert werden, und sie können dann als Kausalfaktoren in Entscheidungsprozesse des Gehirns eingehen.

Das gilt auch für das Denken in der Perspektive entweder der ersten oder der dritten Person. Die Unterscheidung ist theoretisch interessant, es können auch, soweit man heute schon auf analoge Untersuchungen zurückgreifen kann, unterschiedliche Hirnzentren beteiligt sein. Aber man produziert beide Sichtweisen in seinem Denkapparat, ohne spürbar einen Positionswechsel vornehmen zu müssen. Ich kann feststellen, dass ich den Witz eines Conférenciers als unangebracht und taktlos empfinde (erste Person), und ich kann mir im gleichen Gedankengang klarmachen, dass dergleichen bei einem gewissen Teil des Publikums offenbar sehr gut ankommt (Beobachter in der dritten Person).

2.6 Freiheit hat viele Aspekte

Die Gedanken sind völlig frei, hatten wir schon festgestellt. Bereits die klassischen Denker staunten aber auch über die Fähigkeit des Menschen, nahezu alles wollen zu können. Es schien keine Grenzen zu geben für diesen freien Willen, der folglich der Welt des freien Denkens zugeordnet wurde. Er hatte die Aufgabe, die ethischen Postulate durchzusetzen. Diese Funktion konnte man sich nur außerhalb des Menschen vorstellen. Allerdings wurde dann der freie Wille auch als Urheber von vorsätzlichen Missetaten identifiziert und folgerichtig zur Begründung für Schuld und Strafe.

Für Kant war der *Freiheitsbegriff* neben der Ethik ein ganz entscheidender Bereich der metaphysischen Ebene seines Dualismus. Denn die Etablierung und Stärkung der geistigen Freiheit war ja die Grundlage der Aufklärung und für ihn und seine Zeit daher besonders bedeutsam. Freilich ist die Freiheit in Zusammenhang mit ethischem Verhalten ein zentrales Thema der Philosophie überhaupt. Seit den großen Denkern der griechischen Antike gibt es keinen Philosophen von Rang, der sich nicht Gedanken über das Wesen der Freiheit gemacht hätte, und es gibt keine zwei unter ihnen, die zu gleichen Resultaten gekommen wären.

Das liegt weniger an den großen Denkern als an der großen Variationsbreite der Anwendungsmöglichkeiten des Freiheitsbegriffs. (Beispielsweise kann man frei sein, indem man sich gewissen Regeln *nicht* unterwirft, man kann sie aber auch gerade aus innerer Freiheit *akzeptieren*.[4]) Dadurch wird jede Diskussion über Freiheit schwierig, zumal fast immer die Problemkreise Verantwortung und Ethik mit hineinspielen. In den meisten philosophischen Systemen richtet die *Ethik* Grenzen auf, innerhalb derer sich die Freiheit abspielen sollte.[5]

Wenn man sich nun die Freiheit und Verantwortlichkeit einerseits und wesentliche Teile des persönlichen Wünschens und Strebens andererseits auf der metaphysischen Ebene vorstellt, hat man natürlich auch den *freien Willen* dort lokalisiert, wo die Realität und die Naturwissenschaft nicht sind. Dadurch ergibt sich das Problem, das wir oben schon im Zusammenhang mit dem Inkompatibilismus besprochen haben: Der freie Wille als geistige Entität kann nicht in das (durch das Gesetz von der Erhaltung der Energie) in sich geschlossene System der Kausalität eingreifen.

Es werden zwei Lösungen des Problems angeboten: Erstens kann man nach der Möglichkeit einer *Kompatibilität* suchen. Eine beachtliche Zahl von Gedankenkonstruktionen ist geschaffen worden (siehe Beispiele bei H. Fink et al.). Bei allen handelt es sich um Kompromissvorschläge, die die Berechtigung gewisser Gedankenkonstruktionen der Philosophie erhalten sollen, die aber den Naturwissenschaftler nicht befriedigen können, da sie den herrschenden Gesetzmäßigkeiten an der einen oder anderen Stelle nicht genügen. Einige haben wir schon im ersten Teil dieses Kapitels angesprochen.

Zweitens kann man den *Freiheitsbegriff einengen*, indem man Handlungsfreiheit nur dort postuliert, wo das Wollen auf persönlichen Motiven und Neigungen beruht oder wo nicht alle

---

[4] Man kann immer *frei von* etwas sein wollen oder *frei für* etwas eintreten. Bezüglich der Variationsbreite des Freiheitsbegriffs möchte ich den eiligen Leser ganz einfach auf die Übersicht im Brockhaus oder bei Wikipedia verweisen.
[5] Nicht alle Philosophen hielten viel von der Freiheit: „Freiheit ist die Einsicht in die Notwendigkeit" ergibt sich aus den Ansichten von Chrysipp, Spinoza und Fichte (zitiert nach Brandt).

Ursachen bekannt sein können (zum Beispiel M. Pauen und G. Roth). Diese „bedingte Freiheit" erwartet auch der Kompatibilist nur in der realen, mechanistischen Welt, im Gehirn des handelnden Menschen also. Diesen Motivationen und Wunschvorstellungen liegt eine unscharfe Unterstellung von Vorbedingungen zugrunde. So können dann „legitime Beweger" Entscheidungen beeinflussen. Der Dualismus scheint umgangen, indem man seine metaphysische Ebene für diese Form der Willensbildung nicht benötigt. In dieser Vorstellung eines Willens von Seiten der Geisteswissenschaft haben die *Wünsche* eine Entscheidung realisiert. Aber man unterstellt dann (kompatibilistisch), dass es eine ganz individuelle Alternative zum Entscheidungszeitpunkt gegeben habe: Ein *anderer* konkurrierender Wunsch *hätte* eine andere Entscheidung verursachen können (B. Walde). (Der Naturwissenschaftler wird dann feststellen, dass den alternativen Wunsch in diesem Falle eine stärkere Ursache hätte unterstützen müssen, und er wird fragen, woher die hätte kommen sollen.)

Eine klarere Argumentation versucht P. Bieri mit Hilfe einer Einschränkung des Geltungsbereichs der *Definition von Freiheit*: Frei sei alles, was nicht unter Zwang geschieht. Er versucht die Idee eines freien Willens zu retten, indem er den Vorgang der Willensbildung nun innerhalb der naturwissenschaftlichen (kausal-deterministischen) Denkweise akzeptiert, aber *die Definition von „frei" ändert*. Es ist im Prinzip die politische Version (siehe Abbildung 1.2) des Freiheitsbegriffs, die nämlich auf die *Freiheit von äußerem Zwang* abhebt. Der freie Mensch kann gemäß seiner Antriebe, Wünsche und Überlegungen entscheiden.

Bieris sogenannte „schwache Lesart" der Freiheit hat allerdings ihre Tücken in der Abgrenzung zwischen personenbezogenem konkreten *Zwang* (etwa durch einen Despoten oder Chef) und dem auch bestimmenden äußeren *Einfluss* („Diktat" der Mode, „Druck" der öffentlichen Meinung und der Tradition, Einforderung von Gesetzestreue, „Pflichten" des Bürgers) und schließlich unseren Abhängigkeiten, die man gegenüber Freunden fühlt, ferner gegenüber den moralischen Normen oder hinsichtlich Verhaltensweisen, die man dem eigenen Körper schuldig zu sein meint. Viele Entscheidungen trifft man somit unter Einbeziehung von Umständen, die sehr unscharfe Grenzen zu Sachzwängen haben. Prinzipielle Einwände gibt es auch im Bereich der Soziopsychologie: Wie viel meines heutigen ganz persönlichen Wünschens und Wollens, also meines heutigen „Inneren", ist von der Umwelt geprägt, entwickelte sich unter dem mehr oder weniger zwingenden Einfluss von Eltern, Lehrern, Vorgesetzten, Kollegen? Entscheidendes in meinem „Inneren" bekam ich *gelehrt*, es kam also von außen, es wollten andere. Mancher empfindet manches auch noch nach vielen Jahren als Fremdbestimmung.[6] Genau genommen scheint es mir auch bei dieser „Light"-Version des Problems schwierig, sich freie Willensentscheidungen vorzustellen. Ist die Hausfrau frei beim Einkaufen, der Single beim Planen seines Urlaubs oder seiner abendlichen Aktivität, die Abiturientin beim Auswählen des künftigen Studienfachs? Wer in die eigene Vergangenheit zurückblickt, wird einsehen, dass er meistens auch da, wo er meinte, selbst zu schieben, geschoben wurde. Man kann es hart formulieren: Ein freier Wille existiert einfach nicht (M. Wuketits). Derartige Neudefinitionen lösen das Problem also nicht wirklich.

Unter dem Strich möchte ich festhalten, dass man im Sinne einer Leib-Seele-Lehre, also für Ideen von Offenbarung und göttlicher Allmacht, einen *transzendentalen* Bereich und damit die Vorstellung eines Dualismus aufrechterhalten wird. Religiöser Glaube hat einen wichtigen Platz im Denken der

---

[6] Im Gegensatz zur Philosophie (oder gar Theologie) spricht man in der Soziologie heute lieber von *Freiheit des Menschen* als des Willens (definiert als *Freiheit von* den Gesetzen und Vorschriften der Gesellschaft) und verweist auf den Bereich des Konsums und der Freizeitgestaltung. Ziel (Freiheit *für etwas*) ist dann der Versuch einer Selbstverwirklichung und der Erzielung von mehr Lebensqualität. Auch „die Freiheit" ist ein schwieriges Problem, aber wenigstens ein reales im Gegensatz zum autonomen Willen.

weit überwiegenden Mehrheit der Menschen.[7] In einen metaphysischen Bereich kann man auch manche Resultate des abstrakten Denkens lokalisieren, wie wir gehört haben.

Man sollte aber realisieren, dass alle noch so unterschiedlichen Kategorien des Denkens vom gleichen materiellen Denkapparat erzeugt, geordnet und gespeichert werden. Und den Bereich der Emotionen, Empathie oder Willensbildung, also der Psychologie, in dem die Neurowissenschaften bereits überzeugende Erkenntnisse gewonnen haben, sollte man künftig klar der realen Welt und damit den Naturwissenschaften zuordnen.

2.7 Was könnten wir lernen, was wird sich ändern?

Die aktuelle Debatte um Determinismus und freien Willen wird zum Teil sehr engagiert, ja aggressiv geführt. Ich habe versucht, einige Grundlagen dieses Disputs darzustellen und Lösungsmöglichkeiten anzudeuten. Ich fasse die wichtigsten Punkte noch einmal zusammen:

- Das menschliche Wissen nimmt zu, sowohl im Bereich der naturwissenschaftlichen Theorien und Beweise als auch im Raum der philosophischen Erkenntnis. Der Prozess wird weitergehen, das ist ein Allgemeinplatz. Dennoch muss sich mancher davor hüten, das bisher Erreichte als höchste Ebene zu werten.
- Im Gehirn werden, bewusst oder unbewusst, alle Sinneseindrücke verarbeitet und alle Gedanken und Gefühle generiert. Das gilt für naturwissenschaftliche Erkenntnisse in gleicher Weise wie für geisteswissenschaftliche. Das Gehirn ermöglicht auch deren Weiterentwicklung und deren Kommunikation.

---

[7] Literaturbeispiele: Die Größe und Weite dieser transzendentalen Welt umreißt H. Küng mit umfassender Kenntnis. Man könne auch gänzlich ohne sie auskommen, argumentiert R. Dawkins.

- Motivationen und Gefühle entstehen ebenfalls im Gehirn. Sie sind subjektiv, aber real – besonders auch in ihrem Einfluss auf das Handeln des Subjekts.
- An der Realität der Gefühlswelt ändert die Tatsache, dass man die zugrunde liegenden Mechanismen (noch) kaum erklären und die Empfindungen nicht eindeutig kommunizieren kann, nichts.
- Die mangelnde Realitätstreue der Sinneswahrnehmungen beruht überwiegend auf der Notwendigkeit zur rationellen Verarbeitung des erdrückenden Übermaßes an Informationen, die die Umwelt bietet. Selektion und Komprimierung sind nicht zu umgehen, beeinträchtigen den Nutzwert aber nicht merklich.
- Die Subjektivität des Denkens beruht auf dem ständigen Vergleich aller neuen Informationen mit dem schon im Gedächtnis vorhandenen Wissen. Sie ermöglicht eine schnelle Reaktion und größtmögliche Sicherheit durch Nutzung der persönlichen Erfahrung.
- Radikale Freiheit ist angesichts der Naturgesetze und anderer Gegebenheiten der realen Welt nur auf einer gedanklichen „metaphysischen" Ebene denkbar. Ein ebenso radikal freier Wille müsste ebenfalls dort gedacht werden. Er könnte aber nicht auf die reale Welt einwirken.
- Allerdings sollte man bedenken, dass auch alle Gedanken ihre (gedanklichen) Ursachen haben und dass sie nicht anders vorgestellt werden können denn als Funktion der Nervenzellen des Gehirns.

Was würde sich ändern, wenn man künftig die Willensbildung und die Verantwortung, ferner die Schuldfrage samt dem Schuldgefühl sowie alle anderen höheren Gefühle und auch die Ethik und den Altruismus als Geschehen in der physischen Welt auffassen würde? – Im Alltag fast gar nichts. Nur wenn man gelegentlich nachdenken würde, würde die korrektere wissenschaftliche Sicht einen Gewinn an Plausibilität bringen.

2 Hintergründe: Gedanken und Freiheit

Die Phänomene der realen Welt haben den Menschen früherer Jahrtausende viele Rätsel aufgegeben. Sie verlegten besondere Deutungen dieser Rätsel zwecks Begründung (!) in eine höhere metaphysische Welt, in der die Götter und der Glaube wirkten. Viele dieser Rätsel sind seither gelöst worden, und zwar mit Instrumenten, die die Fähigkeit unserer Sinne und unseres Körpers gewaltig erweiterten. Diese naturwissenschaftlichen Erkenntnisse haben unser Verständnis für die reale Welt enorm verbessert, vertieft, verändert. Aber kaum verändert haben sie die alltägliche, gewohnheitsmäßige Sicht der Menschen auf die sie umgebende Welt.

Mit unseren Sinnen freuen wir uns gerade so wie die Menschen der Antike über die wärmende Sonne und bestaunen den Sternenhimmel. Wer heute über die Felder wandert, wird kaum daran denken, dass er auf einer Kugelfläche wandelt, und wenn er dann den Sonnenuntergang genießt, wird er kaum im Kopf haben, wie herum und nach welchen Gesetzen sich gerade die Erde mit ihm dreht. Philosophen und Theologen haben sich mit den Naturwissenschaftlern jahrzehntelang heftig gestritten, ob und wie die Erde der Mittelpunkt der Welt ist, aber das Ergebnis hat letztlich die direkte Weltanschauung der Menschen kaum beeinflusst. Ähnlich haben sich trotz der Glaubenskämpfe um den Darwinismus unsere Empfindungen nicht geändert, wenn wir uns heute über den Gesang von Finken im Wald oder Garten freuen.

Analog wird die Diskussion zwischen Philosophen, Juristen und Neurowissenschaftlern um den freien Willen oder um die moralische Schuld eines Tages eine akademische Frage gewesen sein, wenn letztlich alle Argumente auf dem Tisch liegen und nüchtern akzeptiert worden sind.

Von philosophischer Seite vertritt das Ehepaar Churchland heute etwa folgende Meinung: Zwischen objektiven physischen Phänomenen und subjektiven mentalen Zuständen müsse kein Widerspruch bestehen. Reale Vorgänge könne man auch psychisch erfassen. Und umgekehrt sei die Tatsache, dass man das Fühlen und Empfinden eines anderen Menschen schwer objektivieren oder vermitteln kann, kein Hinweis darauf, dass dessen Fühlen dann etwas Metaphysisches, also nichts Natürliches sein müsse; es sei schon gar kein Beweis. Das Problem liege nicht im Objekt, also in der Realität der Phänomene (die man anerkennen müsse), sondern lediglich in der Fähigkeit zur Erkenntnis derselben. Dass diese weiter verbessert werden wird, müsse man unterstellen. Die Philosophie sei gut beraten, dies grundsätzlich anzuerkennen und sich besser den zahlreichen und großen Problemen zuzuwenden, die sich dann aus der neuen Konstellation ergeben.

Ich stimme dem voll zu, gerade so wie der Aufforderung von Kanitscheider, dass man keine unüberbrückbaren Graben konstatieren sollte zwischen verschiedenen Formen oder Inhalten des Denkens. Die Gemeinsamkeiten sind letztlich zu groß. Die Naturwissenschaft hat eine Fülle von Fragen aufgeworfen, über die nachzudenken sich sicher lohnt, gerade für Philosophen. Es gibt viele, die es längst tun.

Einige Argumente, die noch nicht bedacht waren, werde ich im Folgenden hinzufügen können. Als Erstes möchte ich jedoch für eher geisteswissenschaftlich ausgerichtete Leserinnen und Leser die Allgegenwärtigkeit der Kausalität auch im Wirken des Gehirns herausstellen.

3

Das Gehirn verarbeitet „Ursachen"

Wir verlassen jetzt also die Ebene prinzipieller Erwägungen über den Dualismus und die Möglichkeit metaphysischer Kräfte und behandeln die Arbeitsweise des Gehirns aus der Perspektive der Naturwissenschaften. Aus ihrer Sicht erscheint das Gehirn als ein rechnendes Organ, das mit Hilfe biochemischer Reaktionen einerseits vielerlei Informationen verarbeitet und andererseits daraufhin Reaktionen auslösen kann. Wenn man dem komplexen Organ einigermaßen gerecht werden wollte, müsste man es natürlich differenzierter beschreiben. Für den Zweck dieses Buches werde ich einen etwas ungewohnten Schwerpunkt der Darstellung wählen. Ich werde den Fokus darauf richten, wie *Ursachen* verarbeitet und wie neue Ursachen für das Handeln des Individuums erzeugt werden.

Aus methodischen Gründen beschreibt man das Funktionieren dieses Organs zweckmäßig auf verschiedenen Ebenen. Auf der untersten Ebene der *biochemischen* und biophysikalischen Reaktionen zwischen den einzelnen Nervenzellen und in ihren Membranen finden grundlegende „Rechenprozesse" statt. Überträgerstoffe werden von einer (präsynaptischen) Zelle in den mikroskopisch engen *Synapsenspalt* zwischen den Zellausläufern abgegeben und unterliegen hier modifizierenden Einflüssen, ehe sie an den Organellen der Zellmembran der benachbarten (postsynaptischen) Zelle ihre stimulierende oder hemmende Wirkung entfalten können. In der Nervenzelle selbst hat man bis zu 10 000 verschiedene Eiweißstoffe gefunden. Das gewaltige Spektrum ihrer Wirkungen kann man vorläufig nur ahnen. Ihre Produktion ist in den schon identifizierten Genen festgelegt. Natürlich laufen alle diese biochemischen Reaktionen nach dem Prinzip von Ursache und Wirkung ab.

3.1 Verrechnung der Signale aus dem Körper

Wir wollen diese Ebene nicht genauer beschreiben, weil hier keine wichtigen Erkenntnisse zur Diskussion um den freien Willen zu erwarten sind. Die Verrechnung ganzer Informationen, die letztlich die Aktionen des Organismus bedingt, finden wir im *Zusammenspiel vieler Nervenzellen*. Auf dieser nächsthöheren, *neurologischen* Ebene funktioniert nämlich jede der 100 Milliarden Nervenzellen (Neuronen) des Gehirns wie ein kleiner Prozessor. Er erhält jeweils aus seinem mehr oder weniger verzweigten Empfangsbereich (an seinen Dendriten) Signale von einigen wenigen bis zu 10 000 vorgeschalteten Neuronen. Deren anregende oder hemmende Einflüsse werden integriert. Sobald der „Input" ausreicht, bricht das vorher aufgebaute Aktionspotential der Zelle zusammen, sie „feuert". Darunter versteht man, dass sich ein elektrisches Signal in ihrem Inneren bis zum Ende ihres Ausgangsbereichs (Axon, Neurit) ausbreitet und dort die Ausschüttung von Überträgerstoffen (Transmittern) an eine oder auch viele nachgeschaltete Zellen auslöst.

Die Nervenzelle hat also aus vielen tausenden Vorinformationen ein Resultat „errechnet" und gibt es als ein neues Signal weiter (im PC wäre das eine Eins oder eine Null beziehungsweise ein Bit). Aus zahlreichen Einzel*ursachen* wurde also eine *qualitativ neue Ursache* ermittelt. Je nach Art des für diese Zelle spezifischen Transmitters hat deren Signal allerdings eine bestimmte Qualität (eine Zelle kann die nachgeschaltete Zelle erregen oder hemmen). Jede Nervenzelle (Neuron) verursacht also in Abhängigkeit von den eintreffenden Informationen und gemäß ihrer Position im Zellverbund ihre prinzipiell vorgegebene Wirkung. Ihre individuellen Eigenschaften sind qualitativ festgelegt, können sich aber quantitativ ändern. Sie kann lernen, ihre Synapsen können unter gewissen Bedingungen „gebahnt" werden, können dann schneller oder stärker auf Reize von einer bestimmten vorgeschalteten Zelle reagieren.

Nehmen wir als Beispiel die vielfältigen Signale, die aus Druck-, Bewegungs-, Schmerz- und anderen Sensoren im ganzen Körper kommen. Man schätzt, dass bis zu einer Milliarde Bit pro Sekunde (!) in den verschiedenen zuständigen Primärzentren des Gehirns eintreffen, um Zustände oder Veränderungen zu melden. Die Einzelinformationen werden dort verdichtet, in verrechneter Form zu sogenannten „Karten" zusammengestellt und eventuell zu einer nächsthöheren Ebene weitergemeldet. Die oberste Karte repräsentiert schließlich das *Körpergefühl*, das – ständig (*in time!*) aktualisiert – im Unbewussten mitschwingt und Funktionen moderiert. Wir können uns dieses Körpergefühl bei Bedarf ins Bewusstsein holen. Wir tun das besonders, wenn es Unbehagen oder andere Missstände signalisiert. Wir können es dann als *Krankheitsgefühl* instrumentalisieren, also als Argument für Erklärungen oder Entscheidungen verwenden.[1]

3.2 Endogene Signale werden meist unbewusst verarbeitet

Wir können von diesem Krankheitsgefühl aus aber auch bewusst eine Verarbeitungsebene zurückgehen und als *aktuelle Ursache* derselben erkennen, dass der Körper jetzt müde ist,

---

[1] Es wird im Folgenden meist kurz vom „Gehirn" die Rede sein. Das Körpergefühl zeigt, dass das Gehirn *nicht isoliert* im Körper denkt und arbeitet. Es ist mit allen Körperteilen vernetzt. Als Beispiel wird deren Beitrag zum Gefühl in Abschnitt 6.2 erklärt.

dass uns wohl doch die Grippe erwischt hat oder dass es im Raum zu heiß ist, dass in der letzten Mahlzeit zu viele Zwiebeln waren, oder wir bemerken auch ganz punktuell, dass der neue Schuh am linken kleinen Zeh drückt. Wenn Sie, liebe Leserin und lieber Leser, sich zum Beispiel derartige Informationen in Ihren sogenannten „Vorstellungsraum" holen, sich die Vorgänge also bewusst machen, dann können diese längst vorher im Unbewussten wichtige Reaktionen ausgelöst haben: Sie haben Ihre Körperhaltung schon verändert, Sie haben den Fuß entlastet und im Schuh bewegt, Sie haben jetzt einen anderen Gesichtsausdruck. Wir werden auf derartige „automatische" Reaktionen gleich zu sprechen kommen. Und in Abschnitt 6.4 werden wir sehen, dass sie häufig eindeutig früher ablaufen, als sie uns bewusst werden. Aber wir können hier schon einmal überlegen, ob die Grenze zwischen bewusst und unbewusst so eindeutig erfahren wird, wie man das gewöhnlich unterstellt.

Nachdem Sie sich spezieller Körperzustände bewusst geworden sind, können Sie nun auch auf höchster mentaler Stufe nachdenken, können Gedächtnisinhalte einbeziehen. Sie können diagnostizieren, dass es Ihr Hühnerauge ist, das da schmerzt, und Sie können überlegen, ob Sie wegen der ständigen Gewebsreizung den drückenden linken Schuh eigentlich ausziehen sollten, dass Sie es mit Rücksicht auf Ihre vornehme Gesellschaft besser doch nicht tun. Sie können auch, falls der Feierabend naht, in ihre Zukunftsplanung ihren Körperzustand als „Zünglein an der Waage", also als Ursache, einbringen, können entweder gegenüber Ihren Kollegen begründen, dass Sie wegen der Schmerzen möglichst schnell nach Hause möchten oder entscheiden, dass Sie den ärgerlichen Schmerz erst einmal verdrängen und sich doch noch einen Absacker in der Stammkneipe genehmigen wollen. Die Original-„Ursache" kann also weitere Überlegungen verursachen, die neue Argumente einbeziehen und die endgültige Handlungsentscheidung beeinflussen.

Wir erkennen – nun wieder psychologisch gesehen – auf den verschiedenen Ebenen Verrechnungsprozesse, die aufeinander aufbauen, die zunächst Erkenntnisse formieren, dann Intentionen, also Wünsche und Bestrebungen, begründen und schließlich das Wollen und das Handeln zur Folge haben. Weitaus der größte Teil der Verarbeitungsschritte läuft unbewusst ab. Das betrifft nicht nur die untere (Mikro-)Ebene, auf der zum Beispiel wegen zu hohen CO_2(-Gehalts) im Blut die Atemfrequenz und die Atemtiefe hochgeregelt werden, weil sich die Notwendigkeit aus dem ständigen Vergleich des Ist-Wertes im Blut mit einem (genetisch festgelegten) Sollwert ergeben hat.

Vergleichbar steigt auch plötzlich, nämlich in Bruchteilen einer Sekunde, der Ärger in Ihnen auf, wenn der Kollege sich im Ton oder in der Formulierung seiner Antwort vergriffen hat im Vergleich zu dem *Sollwert*, den Sie im Laufe der Jahre für die Kommunikation mit solchen Menschen gebildet haben. Und falls Ihnen nicht ein Kollege, sondern der kleine freche Nachbarsjunge gegenübersteht, für den Sie einen Sollwert mit etwas niedrigerer Reizschwelle anwenden, muss Ihr Verstand (richtiger: Ihre emotionale Intelligenz) sehr schnell reagieren, damit Ihnen nicht ganz „spontan", also automatisch und unbedacht, auch noch die Hand „ausrutscht". Nie agieren Sie völlig frei, sondern in Abhängigkeit von äußeren und inneren „Anregungen" und Vorgaben, um das Wort Ursachen nicht ständig zu gebrauchen. Aber es sind *Ihre* Rahmenbedingungen, die Sie sich durch Probieren und Erfahrung eingerichtet haben.

3.3 Die zwei Formen ständigen Lernens

Viele Sollwerte, die gerade auf der rationalen Ebene auf derartige Weise als richtungweisendes oder begrenzendes Argument in die Berechnungen eingehen, werden im Laufe des Lebens vom Gehirn selbst gebildet. Dieser Prozess ist die eine Seite der *Lernfunktion des Gehirns*. Das Gehirn formt und aktualisiert automatisch Regeln und Leitlinien, indem es ständig die aktuellen Erkenntnisse in frühere Erfahrungen einbezieht. Das Gehirn vermag durch interne Vergleiche auch *Risiken* und Chancen auszurechnen. Untersuchungen haben ergeben, dass (schon bei Ameisen!) durch die kontinuierliche Verwertung von Daten der Sinnesorgane sogar *Wahrscheinlichkeiten* kalkuliert werden.

Das menschliche Gehirn berechnet Wahrscheinlichkeiten ständig unbewusst aus der Abfolge von irgendwie registrierten Ereignissen, um schneller und besser mit dem umgehen zu können, was vermutlich als Nächstes geschieht, um also möglichst wenig Unerwartetem ausgesetzt zu sein. Mit der funktionellen Magnetresonanztomografie (fMRT, siehe Glossar im Anhang) kann man in entsprechenden Testbedingungen diese Funktion an umschriebenen Stellen des Frontalhirns lokalisieren. Die *Berechnungen möglicher Trends* aktuell laufender Vorgänge werden im Arbeitsgedächtnis festgehalten, um der Planung weiterer Aktivitäten zu dienen. Derartige Wahrscheinlichkeiten scheinen auch eine Mitursache für die *Neugierreaktion* zu sein: An den Berechnungen könnte ja etwas dran sein. Vermutlich kennen Sie Mitmenschen, die solchen vermuteten Zusammenhängen übermäßige Aufmerksamkeit schenken (das Gras wachsen hören).

Diese integrierende Lernfunktion hat für unser Thema eine viel größere Bedeutung, als üblicherweise angenommen wird. Denn das Gehirn formt aufgrund vielfältiger soziokultureller Einflüsse und Erfahrungen auch unsere *Überzeugungen* und unsere Grund*einstellungen* weitgehend automatisch. Sie werden uns begegnen bei der Besprechung des Altruismus(Abschnitt 4.11), viel bedeutsamer aber noch bei Fragen der Ehrlichkeit und der Rücksichtnahme(Abschnitt 7.7 und 8.3), letztlich auch bei der Schuld und der Strafe: Was konnte der Täter vor seiner Tat an Einstellungen lernen, und was kann man daran im „Strafvollzug" ändern (Abschnitt 8.4)?

Der junge Mensch ist im Gebrauch dieser persönlichen Normen noch unsicher, der ältere hat seine Prinzipien und

Eigenarten. Die *Funktion* dieses Lernens für das Leben ist angeboren und läuft ständig im Unbewussten ab. Wir können diese Lernfunktion auch aus unserer deterministischen Perspektive sehen, dann als eine ständige Optimierung von Daten, die bei Bedarf zu Mitursachen von Entscheidungen werden können, also zum Beispiel *Erfahrung* hinsichtlich Geselligkeit der Kollegen in der Stammkneipe oder bezüglich der Reaktion auf die Frechheit von Nachbarsjungen. Das Gehirn modifiziert und optimiert damit *spätere (!) Ursachen*, und das natürlich unter Verwendung seiner genetisch vorgegebenen Organisationsstruktur und – ebenso natürlich – zu seinem vermutlichen Vorteil. Das wird uns später noch beschäftigen (Abschnitt 4.8 und 6.6).

Die andere angeborene Lernfunktion, die das Gehirn ständig im Unbewussten verwendet, ist die Speicherung *von Informationen*. Auch diese Funktion läuft überwiegend automatisch ab, aber jeder weiß, dass wir sie bei Bedarf, wenn wir uns aus gewissen Gründen etwas merken *wollen* (also als nützliche Ursache für später aufbewahren möchten), bewusst unterstützen, trainieren oder lenken können. Die *Speicherorte* sind entsprechend ihrer „Sachgebiete" auf große Bereiche der Hirnrinde verteilt. Sie sind spezialisiert zum Beispiel auf Gerüche, auf Gesichter, auf Geschehnisse oder auf Vokabeln, Telefonnummern und das kleine Einmaleins. Jedes Gebiet organisiert sich selbst entsprechend der Zusammengehörigkeit von Begriffen wie Gerüche von Gemüse, von Fleischgerichten oder von Teesorten usw. oder nach Erfordernissen beim Zugriff (Häufigkeit, Fachbereich).

3.4 Dynamische Schaltungen ermöglichen das Erinnern

Die *Gedächtnisinhalte* können (quantitativ) verblassen oder „gebahnt", also verstärkt, werden. Sie können sich aber im Laufe der Zeit auch qualitativ verändern, wie man das von Zeugenaussagen oder vom Jägerlatein kennt. Der Zugang zu ihnen kann erschwert, verdrängt, verschüttet werden. Prinzipiell scheinen sie aber „fest verdrahtet" zu werden mit einem Zugang zu sogenannten *Konvergenzzentren,* die zum Beispiel im Hippocampus, einem übergeordneten Gedächtniszentrum, angenommen werden, oder im Frontalhirn, dem Bereich, in dem Entscheidungen getroffen werden. Wir können in derartigen Zentren Dispositionszentralen sehen, von denen aus auf ein riesiges Archiv von „Ursachen-Bausteinen" zugegriffen werden kann, nämlich auf die Gedächtnisspeicher. Wird ein derartiger Zugriff aus einem bestimmten Grund ausgelöst, tritt der Baustein als Argument beziehungsweise Fakt in Aktion. Mit diesen „Bausteinen" können wir denken, und umgekehrt können wir nicht über etwas nachdenken, von dem wir noch nie gehört oder gelesen haben. Die Gedächtnisinhalte dienen unter Umständen auch als Kausalfaktor. Ohne sie können wir nicht entscheiden.

Durch die Konvergenzzentren werden also die abgespeicherten Informationen für den *aktuellen Gebrauch* zusammengeschaltet. Diese vorübergehenden, gewissermaßen dynamischen Beziehungen zum Beispiel im Denkprozess erzeugt das Gehirn vermutlich, indem es die ausgewählten Neuronengruppen in den Gedächtnisspeichern mit gleicher Frequenz und/oder synchron, also auch noch im exakt gleichen Tausendstel einer Sekunde, feuern lässt. So können wir vermutlich im schnellen Wechsel ganz gezielt den Gesichtsausdruck einer Person, ihre Stimme, ihre Körperhaltung oder ihre Worte im Zusammenhang mit anderen aktuell interessierenden Informationen in unseren Vorstellungs- und Entscheidungsbereich holen. Wir tun das jeweils *aus einem bestimmten Grund,* und die aufgerufenen Informationen können ihrerseits *als Ursache* für Entscheidungen oder Aktionen wirksam werden.[2]

---

[2] Der Grundkonsens, dass alle mentalen Phänomene irgendwie von Strukturen des Gehirns abhängen und dort ablaufen, wird als *Physikalismus* bezeichnet. Das Konzept beruht auf der Annahme, dass das Gehirn nach biologischen Gesetzen entstanden ist.

3.5 Der Wille resultiert aus Entscheidungsprozessen

Grundsätzlich ist das *Entscheiden* zwischen Alternativen ein überaus häufiger Grundvorgang im Gehirn. Auf der Zellebene haben wir es als Verrechnung der eintreffenden Signale kennengelernt. Auf der Ebene der Neurophysiologie ist es Vorraussetzung vieler Funktionen. Wir finden zum Beispiel, dass viermal in der Sekunde entschieden wird, wohin die Augen blicken sollen. Die Aufrechterhaltung des Gleichgewichts im Stehen erfordert ständig feinste Anpassungen der Spannung sehr vieler Muskeln.

Bei komplexen Handlungen schließlich sind es *neuronale Netze*, die vielfältige formale Entscheidungsabläufe ermöglichen, zum Beispiel wohlüberlegte oder spontane, emotional begründete oder eher zufällige. Aber auch über jedes eigene gesprochene Wort, den Tonfall, die zugehörige Mimik muss entschieden werden, meist sehr kurzfristig in Abhängigkeit von den Äußerungen eines Gesprächspartners. Entscheidungen könnte man auffassen als die Zwischentüren an Knotenpunkten in einem riesigen neuronalen Funktionsverbund, hinter denen jeweils eine weitere Funktion angestoßen werden kann.

Jede Willensbildung richtet sich auf die *Zukunft*. Das setzt im Vorfeld die erwähnten Kalkulationen von Risiken und Wahrscheinlichkeiten voraus. Nicht zu vernachlässigen ist aber auch die Bedeutung einer ständigen *Fehlerkorrektur*. Die Hirnaktivität muss im Gegensatz zur Aktionsvorschrift für einen Roboter als dynamischer Prozess verstanden werden, der ständig auf vielfältige Einflüsse reagiert und diese mit dem angestrebten Ziel als potentiellem Endpunkt vergleicht.

In frühen Untersuchungen findet man die Bezeichnung „Willensakt" im Zusammenhang mit der endgültigen Entscheidung für eine Aktion. N. Ach (1905) unterschied dann in seinem richtungweisenden Buch *Über die Willenstätigkeit und das Denken* zwischen Planung und tatsächlicher Ausführung. Den Willen lokalisierte er in die gelegentlich lange Zeitdauer bis zur Zielerreichung. Der Wille wurde als Konzentrationsleistung aufgefasst, die man dann landläufig als Willensstärke bezeichnet. Er beinhalte auch die Fähigkeit, Handlungshindernisse zu überwinden, also die Willensanspannung. Obgleich sich bei Bezeichnungen und Definitionen noch eine gewisse Variabilität findet, möchte ich die heutige psychologische Lehrmeinung über die Willensbildung in dem in Abbildung 3.1 dargestellten Modell zusammenfassen:

1. Bevor ein Wille entstehen kann, findet in der Regel ein *Abwägungsprozess* statt zwischen verschiedenen Möglichkeiten und Argumenten, zum Beispiel Zielvorstellungen, Wünsche, Vorlieben (Selektionsphase). Für die möglichen Ziele wird ihr Wert in Relation gesetzt zur *Wahrscheinlichkeit* der Zielerreichung und zum Risiko. Das kann als komplizierter, aber biochemisch gut zu bewerkstelligender Verrechnungsprozess verstanden werden, an dessen Ende eine Entscheidung steht, die Heckhausen als Intention bezeichnet.[3] Finden Abwägen und Planen bewusst statt, registriert man starke Aktivitäten in der parietalen und in der präfrontalen (Entscheidungsbereich) Hirnrinde. Wird das Resultat im Vergleich mit vorgegebenen Soll- und Grenzwerten als gut bewertet, scheint es zu einer Ausschüttung von Überträgerstoffen aus einem *Belohnungszentrum* zu

---

[3] Wir hatten weiter oben festgestellt, dass eine Nervenzelle bis zu 10 000 Informationen von Zellen einer vorhergehenden Ebene erhalten und integrieren kann. Auf der hier besprochenen *neurologischen* Verarbeitungsstufe gilt eine andere Größenordnung. Man geht davon aus, dass in einem zwischengeschalteten *primären Gedächtnis* etwa sieben Informationseinheiten (*chunks*), die gerade interessieren, gleichzeitig bereitgehalten werden können. Das machen auf dieser Ebene Verbünde von Nervenzellen, sogenannte neuronale Netze. Das eigentliche Arbeitsgedächtnis (in dem über Strategien oder sonstige Lösungen entschieden wird) kann eigentlich nur zwei, gelegentlich aber bis zu fünf Informationen gleichzeitig betrachten und miteinander vergleichen.

3 Das Gehirn verarbeitet „Ursachen" 59

Vor-der-Entscheidung-Phase	Vor-der-Handlung-Phase	Handlungsphase	Nach-der-Handlung-Phase
Abwägen	**Planen**	**Ausführen**	**Bewerten**
Selektion analyseorientiert	realisationsorientiert	Durchsetzung **Wille**	erfahrungsorientiert
(mehrere) Wünsche Befürchtungen Absichten	konkrete Planung der Handlungsrealisierung	Realisierung der Handlung	Ziel erreicht? Erfolg?
Risiko – Wert Argumente Einstellungen angeborene Bedürfnisse	offen für Alternativen motiviert kreativ Intelligenz	konzentriert kaum ablenkbar optimistisch	Stolz Gewissen Reue
Ich brauche Geld: Arbeiten? Darlehen? Diebstahl?	*Bankraub:* wie? wo? wann?	*XY-Bank:* morgens mit Maske mit Waffe	*Gefängnis* in Zukunft ehrlich arbeiten

Vertikal beschriftet zwischen Spalten: „Rubikon"; Grundsatzentscheidung | Entscheidung: Ziel, Zeitpunkt | Verrechnung mit Sollwert

Abb. 3.1 Die Phasen der Willensbildung. Vor der eigentlichen Willensbildung kommt es in der Regel zum *Abwägen* zwischen mehreren Optionen. (Extrinsische) Argumente, interne Wünsche etc. spielen eine Rolle, das Risiko und der persönliche (emotionale) Wert werden abgewogen. Am Ende der Analyse steht ein Rechenprozess (schraffiert angedeutet), der zur Entscheidung für die optimale Alternative führt. Dies ist die Entscheidung für die tatsächliche Aktion. Nach ihr wird der ganze Prozess auch *Rubikon-Modell* (mit Bezug auf die Entscheidung Cäsars vor dem Angriff auf Rom) genannt. In der dadurch angestoßenen *Planungs*phase werden die Einzelheiten der gewählten Handlung bedacht. Die Intelligenz ist hier mehr als in den anderen Phasen aktiv. Wieder ist ein Rechenprozess für Entscheidungen über Vor- und Nachteile, für das zu erreichende Ziel und für den Zeitpunkt der Aktion eingeschaltet. Er definiert den *Willen,* der dann die Handlung anstößt und für ihre erfolgreiche Durchführung sorgt. Nach der Aktion folgt eine Phase der Bewertung, also ein Vergleich mit dem in der Planung aufgestellten Sollwert (Rechenprozess, schraffiert). Das Ergebnis der Bewertung ist bedeutungsvoll für künftige Einstellungen und Handlungen. (Es existieren verschiedene Auslegungen und Bezeichnungen einzelner Phasen derartiger Modelle (H. Heckhausen, U. Rudolf), sodass ich etwas gemittelt und integriert habe.)

kommen, die ein Wohlgefühl zur Folge haben.[4] Dadurch ist man mit dem Ergebnis so zufrieden, dass man es nun zum Objekt eines Willens macht. Von dieser Überzeugung, dass die getroffene Auswahl unter den Möglichkeiten gut war, sollte dann die genauere Planung bereits getragen werden, und sie sollte unterstützt werden durch einen deutlichen Optimismus, dass die Aktion wohl erfolgreich durchgeführt werden könne.

Bei der Zielfindung haben *körpereigene Antriebe* eine zentrale Funktion. Sie sind angeboren, auch in ihrer Intensität genetisch vorgegeben. Bewusst und unbewusst werden entsprechend dieser Motivation Vorausberechnungen angestellt. Das Gehirn ist letztlich „nur" ein rechnendes Organ. Es versucht bei *Vorausberechnungen*, das Ursache-Wirkungs-Prinzip zu nutzen. Natürlich kann seine Voraussage höchstens so richtig sein wie die Informationen, auf denen sie aufbaut. Wir werden in Abschnitt 4.1 ferner erkennen, dass die Richtigkeit der persönlichen *Bewertung* dieser Informationen einen entscheidenden Einfluss hat. Mit welchen Informationen konnte das Gehirn des zu Beginn des Buches erwähnten Elektromonteurs arbeiten, als er die rote Ampel überfuhr und die Radfahrerin anfuhr? Er wollte einerseits pünktlich am Ziel ankommen, um Vorwürfe zu vermeiden. Er hielt andererseits nichts von einer automatischen Ampelschaltung in verkehrsarmen Zeiten und hatte beim Äußern dieser Meinung immer Zustimmung erhalten. Er hatte einen gewissen Übermut entwickelt, weil er noch nie erwischt worden war. Auch diesmal sah er kein Polizeifahrzeug usw.

---

[4] Auf die Arbeitsweise des Gehirns wirft folgende Theorie ein erhellendes Licht: Man vermutet, dass Drogensüchtige das biochemische Zustimmungssignal des Belohnungszentrums mit euphorisierenden Mitteln vorwegnehmen. Mit ihrem folglich „zufriedenen" Geisteszustand kann man dann erklären, warum sie gewöhnlich keine Alternativen bedenken, sondern dem erstbesten Denkresultat nachgehen. Eine ausgewogene Willensbildung kann wegen der Drogenwirkung nicht durchgeführt werden.

3 Das Gehirn verarbeitet „Ursachen"

Sollte es einen freien Willen geben, müsste man sich ihn hier als durchschlagendes Argument vorstellen. Die Frage, ob er die hierfür nötige Energie aus der Ebene der Freiheit einbringen könnte, haben wir schon verneint.

In der *Abwägungsphase* der Willensbildung muss die *Verantwortung* eine maßgebliche Rolle spielen (Kapitel 7). Und natürlich sorgt die *Intelligenz* in dieser wie auch in der folgenden Planungsphase für die Bereitstellung von Alternativen, die speziell der aktuellen Situation gerecht werden, also die optimale Lösung darstellen könnten (dies ist in Abschnitt 7.4 noch zu diskutieren).

2. Auch die eigentliche *Entscheidungsfindung* ist ein Abwägungsprozess. Wir werden uns in Kapitel 4 vorzustellen versuchen, wie Argumente vom Gehirn gewichtet und dann gegeneinander aufgewogen werden. Heckhausen spricht hier von einer *präaktiven Phase*. Die Person ist nun wenig offen für Alternativen, andere Wünsche oder Absichten, sie hat ein Ziel, ist *realisierungsorientiert* und optimistisch.

Wenn es zwei mögliche Entscheidungsresultate gibt, die gleich gut oder gleich ungünstig erscheinen, spricht man von einem *Dilemma*. Physikalisch entspricht das einem *labilen Gleichgewicht*. Könnte hier ein „freier Wille" den Ausschlag geben? Wie sollen wir uns die Aktivität dieses Freien Willens vorstellen? Er kann ja wohl kaum aus einem eigenen, bisher noch nicht bekannten Grund eingreifen wollen. Zwar könnte dieser Grund bei einem labilen Gleichgewicht winzig klein sein. Dennoch wäre es noch eine Ursache im Rahmen des physischen Determinismus. Das Gleiche gilt für einen Willen, der die vorgegebene *Gewichtung der Argumente* in einer ihm genehmen Richtung verändern wollte. Man könnte sich andererseits die Willenseinwirkung auf das labile Gleichgewicht im Sinne einer *zufälligen* Einflussnahme vorstellen. Aber für einen freiheitsliebenden Denker wäre der Zufall keine befriedigende Lösung. Selbst die Quantenphysik ermöglicht hier nicht den früher einmal vermuteten Ausweg.[5]

Gefühlsmäßig scheut jeder Mensch das Dilemma als solches. Er weiß, dass er die *Folgen* nicht ausreichend unter *Kontrolle* hat, ganz gleich, wie er sich entscheidet. Er versucht ja immer, sie im Voraus zu berechnen. Er könnte keine Verantwortung für eine Entscheidung übernehmen, bei der es gleich valide Argumente dafür und dagegen gibt. Er fühlt sich jedenfalls nicht frei.

3. Hat sich am Ende des Abwägungsprozesses eine Variante durch die Verrechnung von Vor- und Nachteilen als optimal herausgestellt, kann die *Entscheidung für diese spezielle Aktion* fallen. Der *Wille*[6] übernimmt das Entscheidungsresultat und sorgt für Beginn und Durchführung der Handlung. Seine neurologische Struktur ist noch unklar. Im Kern ist der Wille wohl eine starke *Motivation* im Sinne angeborener Bedürfnisse, von denen wir in Abschnitt 4.4 hören werden, dass sie individuell in unterschiedlicher Durchsetzungsstärke angelegt sind. Sicher sind hier Funktionen wie Konzentration und Aufmerksamkeit (Vigilität) beteiligt. In der fMRT registriert man zu Beginn Aktivitäten im Hippocampus, in der Amygdala und schließlich in den Basalganglien (G. Roth).

Andere Möglichkeiten werden nun nicht mehr in Betracht gezogen. Das Gehirn konzentriert sich auf die

---

[5] Die Mikrophysik (im subatomaren Bereich) hat „Unschärfen", die man heute nur statistisch erfassen kann, im Gegensatz zur Makrophysik, die wir mit unseren Sinnen (teilweise) erfassen können und zu der auch unser Gehirn mit allen seinen Funktionen gerechnet werden muss. Sie ist ein geschlossenes System in sich, für das die Quantentheorie definierte Wahrscheinlichkeitsaussagen macht, aber sie bleibt als solches eingeschlossen in die gesamte naturwissenschaftliche Ordnung. Nur in diesen allerkleinsten Dimensionen hält man entsprechend der „Kopenhagener Interpretation" mehrheitlich auch *Zufall* für möglich. Aber Zufall im Inneren der Atome (!) kann wohl kaum eine Erklärung für den freien Willen sein.

[6] Neurowissenschaftlich ist „der Wille" noch kaum verstanden. Ich erinnere an die Untersuchungen von J. Kuhl, die in Abschnitt 1.4 erwähnt wurden. Wir werden in jedem weiteren Kapitel zusätzliche Aspekte finden.

möglichen Variablen der aktuellen Durchführung. Es ist denkbar, dass die Funktion eines „starken Willens" darin liegt, Ablenkungen durch andere neuronale Einflüsse wie etwa von Sinnesreizungen, Gedanken oder Handlungsentwürfen (als Versuchungen) abzuwehren. Die Blockade störender Einflüsse wird möglichst bis zum erfolgreichen Abschluss der Handlung aufrechterhalten.
4. In der *Nach-der-Handlung-Phase* erfolgt gewöhnlich ein automatischer, eventuell auch ein bewusster Abgleich mit dem Sollwert der ursprünglichen Entscheidung. Das Resultat dieser Bewertung kann wieder eine Aktivierung des Belohnungszentrums sein: Freude, Stolz, Motivation zu weiterer Aktivität. Wir werden aber in Abschnitt 4.5 auch über das (schlechte) Gewissen sprechen.

Ich will versuchen, die Abhängigkeit des *naturwissenschaftlich* gedachten Willens von komplexen Kausalvorgaben noch etwas verständlicher zu machen. Der Wille eines Mitarbeiters könnte zum Beispiel letztlich darauf hinauslaufen, dass er noch Überstunden machen will, um eine Sonderaufgabe von seinem Chef zu erledigen. Die Resultante könnte folgende Komponenten haben:

- Als endogene Wünsche (Motivatoren) gehen sein Leistungsstreben und sein (angeborenes) Bedürfnis nach Ansehen und Kompetenz ein.
- Ein autobiografischer Beweggrund möge die Erfahrung sein, dass man grundsätzlich einem Chef besser keine Bitte abschlägt, weil man erfahrungsgemäß später die verpasste Gelegenheit für einen Karrieresprung bereuen würde.
- Als umweltbedingte Kausalattributionen mögen etwa gewisse finanzielle Verpflichtungen und der neidische Blick eines Kollegen gelten.

Es wird in jedem dieser Bereiche auch Gegenargumente geben, die aber insgesamt nicht stark genug sind, um den Mitarbeiter von seinem Vorhaben abzubringen. Der letztlich resultierende Kräftevektor bestimmt für ihn die Verhaltensrichtung. (Wenn der Mitarbeiter jetzt aber trotz dieser plausiblen Entscheidung einfach zum Kegeln geht, so ist das vielleicht für seine Kollegen schwer nachvollziehbar, aber dennoch *keine freie* Willensänderung, sondern beruht auf neu aufgetretenen *Ursachen*, die für ihn plötzlich sehr wichtig sind, zum Beispiel auf der Nachricht, dass eine heimlich Verehrte ihre Teilnahme am Kegeln zugesagt hat.)

3.6 Der Denkprozess und der „Vorstellungsraum"

Wie der *Denkprozess* im Einzelnen funktioniert, wissen wir noch nicht. Die Evolution hat diese geistige Fähigkeit beim Menschen verwirklicht, aufbauend auf Vorstufen, die es schon bei höheren Tieren gibt. Das Denken findet nicht in klar erkennbaren Zentren des Gehirns statt, sondern in einem weit übergreifenden dynamischen Prozess, an dem sich bei Bedarf sehr große Teile des Gehirns beteiligen.[7] Daher funktioniert das Bewusstsein auch noch erstaunlich gut, wenn große Teile des Gehirns zerstört sind (A. Damasio 2003).

Wir können uns den sogenannten „Vorstellungsraum", in dem das Bewusstsein lokalisiert ist, in dem also auch das Denken stattfindet, als eine Art *globale Videokonferenz* des gesamten Gehirns vorstellen. Die für einen Gedanken oder eine Entscheidung benötigten Gedächtnisinhalte werden wohl nicht, wie beim Arbeitsspeicher des PC, in eine Art Denkzentrum gela-

---

[7] In philosophischen Schriften, die sich mit naturwissenschaftlichen Veröffentlichungen auseinandersetzen, liest man immer wieder: „Nicht das Gehirn denkt, sondern ich" oder „Ich denke mit dem Gehirn und nicht das Gehirn statt meiner". Die Vorstellung eines Ich im Metaphysischen mag seinen Platz innerhalb geisteswissenschaftlicher Erwägungen haben. Der Neurowissenschaftler kann dem nicht folgen. Was sonst denkt in einem Menschen, wenn nicht das Gehirn, und wo könnte das Ich wohl sitzen, wenn nicht im Gehirn?

den und dort dann verarbeitet. Dafür würde die Zeit nicht reichen. Sie nehmen am Denkprozess gewissermaßen von ihrem Platz aus teil. Der „globale" Prozess des Denkens bezieht sie irgendwie (durch Synchronisierung?) ein, ohne dass man die Vorgänge heute genauer kennt. Der „Vorstellungsraum" selbst überspannt alle diese Zentren. Man spricht häufig auch davon, dass Denkinhalte, Erinnerungen, Einflüsse und sogar Stimmungen in den Vorstellungsraum „projiziert" werden. Diese Metapher eines Raumes, in dem die mentalen Vorgänge ablaufen oder präsentiert werden, entspricht sehr gut unserem Empfinden, dass im Kopf sehr viel Platz sei für vielerlei Gedanken. Es ist wohl unnötig, daran zu erinnern, dass es dort keine leeren Höhlen gibt, sondern nur Nervenzellen und das gewaltige Netzwerk ihrer Ausläufer, in deren Innerem alle Hirnfunktionen und damit auch das Denken stattfinden (siehe auch Abschnitt 6.5).

Vom Standpunkt der Verarbeitung einzelner Informationen, die präsentiert oder dort „projiziert" werden, sei trotz aller Vorbehalte der Vergleich erlaubt mit der *Oberfläche* eines PC, genauer: mit dem zugehörigen Bildschirm. Auf dem Bildschirm werden Inhalte und Resultate in einer Form dargestellt, die im Computer selbst sicher nicht vorkommt, sich aber für unser Verständnis und für die Manipulation der zu bearbeitenden Inhalte besser eignet. Entsprechend „sehen" wir im Vorstellungsraum auch eine bestimmte Szene und nicht ein Konglomerat von zahlreichen stimulierenden und hemmenden Nervenimpulsen.

Das Funktionieren unseres Körpers (wie das der Gesellschaft) beruht auf einem vieldimensionalen Zusammenwirken von *Entscheidungen* als Reaktion auf variable Ursachen. Für nahezu alle diese „Problemlösungen" hält das Gehirn Algorithmen beziehungsweise Heurismen vor, mit deren Hilfe die Arbeit automatisch und unbewusst erledigt wird (D. Dörner). Falls Probleme auftreten, kann als letzte Instanz der Denkapparat in Aktion treten.

Es sind vorwiegend die *Denkprozesse*, die im Vorstellungsraum interagieren. Sie können dazu dienen, fiktive Szenarien zu simulieren, um für die Zukunft *planen* zu können: Was wäre, wenn … Hier hilft die rationale *Intelligenz*, das Wissen und die Erfahrung aus den Gedächtnisspeichern zielgerecht zu kombinieren und Probleme zu lösen. Aber auch Emotionen, das Körpergefühl oder das Verhältnis zu einer anderen Person können hier behandelt werden, wie wir schon überlegt haben. Hier kommen Temperamente wie Optimismus oder Pessimismus oder persönliche Einstellungen wie Mut oder Zurückhaltung zum Tragen. Wünsche und Hoffnungen, das ganze Selbst kann hier äußeren Einflüssen gegenübergestellt, kann erfahrbar gemacht werden.

Eine herausragende menschliche Fähigkeit ist es wohl, diese dynamische, aber verständliche Oberfläche des Hirngeschehens von einer *noch höheren Warte* aus zu beobachten. Das Ich sieht hier aus der schon erwähnten „Erste-Person-Perspektive" (Abschnitt 2.5), also als Subjekt auf seine Inhalte. Es kann sie definieren als eigene Ziele, als Argumente, als Kausalattributionen. Es kann sie manipulieren (jedenfalls rekombinieren bis zu einem gewissen Grade), kann emotionale Marker „mitfühlen" und beurteilen. Hier kann der Mensch seine *mentalen Prozesse „erleben"*. Und er kann Gut und Böse erkennen, kann Überlebenschancen, aber auch ethische Alternativen werten. Dass er das sozialverträglich machen sollte, werden wir in Kapitel 6 bedenken. Er kann sogar einen „inneren Dialog" führen. Aus dieser Perspektive hat das Selbst auch den Eindruck, selbst auswählen und „wollen" zu können. In komplexen Situationen spricht der Psychologe von einer „Hubschrauberperspektive, in die sich das Ich erhebt.

Von diesem Wissensstand aus kann man nun den eigenen *Willen* einerseits naturalistisch verstehen als einen *Vektor*, der kombiniert ist aus intrinsischen Wünschen, autobiografischen Einflüssen und vielen verschiedenen Kausalattributionen der

Außenwelt, die alle anteilsmäßig berücksichtigt worden sind, bis schließlich dieser Wille die Richtung des Handelns bestimmt. Wie wir in Kapitel 6 besprechen, wird das wahrscheinlich erst anschließend als Information im „Vorstellungsraum" präsentiert. Andererseits vermutet der *Philosoph* (indeterministisch) im Willen eine *Kraft*, die unabhängig von Kausalitäten in diesem „Vorstellungsraum" zusammen mit transzendentalen Ideen und Phänomenen erlebt wird und aus dieser metaphysischen Welt heraus eingreifen kann. (Wir müssten bei diesem dualistischen Prozess davon ausgehen, dass beide Ebenen dann irgendwie im gleichen „Vorstellungsraum" ablaufen, irgendwie wohl auch die gleichen Mechanismen nutzen.)

Ich habe in diesem Kapitel neurophysiologische Vorgänge, vom molekularen ausgehend bis zum hochkomplexen Vorgang des Denkens und Entscheidens, in herausgegriffenen Beispielen vorgestellt. Meine Absicht war nicht nur, interessante Fakten zu referieren. Ich wollte den Leserinnen und Lesern, die in den Naturwissenschaften nicht zu Hause sind, klar machen, dass auch verwirrend komplexe Funktionen des Gehirns, selbst wenn wir sie in Einzelheiten noch gar nicht genau verstehen, alle ganz offensichtlich auf kausalen Vorgängen beruhen. Es gibt keinen vernünftigen Grund, irgendwo eine Mauer zu ziehen und zu behaupten, jenseits derselben, etwa bei einem abstrakten Gedanken, selbst bei einem solchen an Gott, oder bei einem erhebenden Gefühl, gelte eine andere Kategorie, handele es sich um eine geistige Welt jenseits aller neuronaler Netze. Gedanken kann man inhaltlich unterteilen. Das ist sogar sinnvoll, denn da sie frei sind, variieren sie gewaltig. Aber es findet sich nur *ein* Mechanismus, der sie generiert, präsentiert und speichert.

Offensichtlich hat die Neurowissenschaft dem menschlichen Vorstellungsvermögen neue Perspektiven eröffnet. Sehr viele neue Fragen tauchen auf, ganz offensichtlich auch neue Blickwinkel dort, wo man lange Zeit glaubte, gefestigte, bewährte Antworten gefunden zu haben. Die Philosophie steht vor vielfältigen neuen Aufgaben.

Fassen wir stattdessen die wichtigsten der in diesem Kapitel behandelten Punkte noch einmal in Kurzform zusammen:

- Die Nervenzellen des Gehirns „verrechnen" auf biochemische Weise die Informationen aus einigen wenigen oder auch aus Tausenden vorgeschalteten Zellen. Ihre Wirkung auf die nachgeordneten Neurone kann erregend oder hemmend sein.
- Die Signale beispielsweise aus der Körperperipherie werden in den zuständigen Zentren schrittweise zu „Karten" integriert und dienen dann der automatischen Regulierung von Körperfunktionen. Die oberste „Karte" ist das Körper- oder Krankheitsgefühl. Dies kann ebenso wie manche Detailinformation im Bedarfsfall bewusst gemacht werden. Diese Verrechnungsresultate können bewusst oder unbewusst Entscheidungen ganz wesentlich beeinflussen.
- Das Gehirn lernt ständig und automatisch, indem es zum einen Informationen in vorgegebenen spezifischen Gedächtnisspeichern ablegt und zum anderen aus ähnlichen Informationen Sollwerte oder Erfahrungen mittelt. In beiden Formen sind die Daten deutlich subjektiv gefärbt. Die Daten können bei Bedarf zur Entscheidungsfindung verwendet werden.
- Durch integrierendes Lernen formt das Gehirn auch Einstellungen zu allen ethischen Problemen des Lebens, also zu Ehrlichkeit, Rücksichtnahme, Unterordnung, aber auch allgemein zur Gesellschaft, zum Rechtssystem, zu Behörden, zur Selbstverteidigung und überhaupt zu Lebensregeln aller Art.
- Nach psychologischer Lehrmeinung ist die Willensbildung ein Abwägungsprozess unter Alternativen oder gegenüber einem Sollwert und damit nur ein Sonderfall unter sehr vielen Regelvorgängen, die ständig und automatisch die Körperfunktionen aufrechterhalten.

- Man kann bei der Willensbildung grob eine Selektionsphase und eine Realisationsphase unterscheiden. In letzterer wird *nach* konkreter Planung (auch des Zeitpunktes für die Aktion) der Wille definiert, der dann die eigentliche Handlung einleitet und zu Ende bringt.
- Die Willensbildung ist letztlich eine Resultante aus endogenen Motivationen (Antrieben, Anlagen), autobiografischen Rahmendaten (Gedächtnisinhalten) und externen Einflüssen (Kausalattributionen). Definitionsgemäß läuft sie in wesentlichen Teilen bewusst ab. Folglich ist die Denkfunktion entscheidend beteiligt.
- Das (bewusste) Denken und Sehen erlebt der Mensch auf einer Art „Oberfläche", die man als „Vorstellungsraum" oder als „das Bewusstsein" bezeichnen kann. Dieses geistige Instrument erlaubt die Konstruktion von Szenarien und insbesondere ein gesteuertes Planen in die Zukunft. Bausteine sind Daten der Sinnesorgane oder aus den Gedächtnisspeichern, Motor sind äußere und innere Anlässe, jedenfalls „Ursachen".
- Die Konstruktion dieser „Oberfläche" erlaubt nicht nur eine ständige automatische Fehlerkontrolle (Selbstkritik, Gewissen), sondern auch eine bewusste Selbstbeurteilung und -kontrolle aus einer „Hubschrauberperspektive", also ein Ich-Gefühl.

Nach dieser – zugegeben – sehr selektiven und in einzelnen Teilen auch noch etwas spekulativen Deutung der höchsten mentalen Prozesse können wir zum eigentlichen Thema kommen. Wichtige Einzelheiten zum Beispiel bezüglich des Bewusstseins (Abschnitt 6.5) werden wir später im Zusammenhang behandeln.

Aber es wird mir im Folgenden darum gehen zu zeigen, dass der Mensch nicht so starr in das „Räderwerk" der Kausalbezüge in unserer Welt eingebunden ist, wie jeder wohl zunächst annimmt, wenn er sich in die Konsequenzen des

Begriffs „Determinierung" hineindenkt. Was dem Menschen seine Sonderstellung in der Natur ermöglicht, sind eigentlich gerade Mechanismen in seinem Gehirn, die es gestatten, die kausalen Abfolgen zu manipulieren, und zwar zum eigenen Vorteil.

Liebe Leserinnen und Leser, Sie denken jetzt vielleicht an den Wunsch, den Sie sich im Vorwort ausgedacht haben: Ein Mechanismus, der für Sie die vorteilhaften Faktoren unter denen aussucht, die als Ursache Ihre Entscheidungen beeinflussen. Jetzt sind wir endlich soweit, diesen Mechanismus zu besprechen. Da gibt es viele Möglichkeiten.

4
Individuelle Eingriffe in die Ursachenabfolge

Der Mensch verändert die Informationen über die Umwelt nicht nur, indem er aus farbigem Licht neurologische Aktivität macht, wie ich das in Abschnitt 2.3 beschrieben habe. Das Gehirn versieht die entstehenden „Repräsentationen" von Begriffen, Gegenständen, Ereignissen zusätzlich mit einer Art *Marker* über die *Bedeutung*, die diese Dinge für den Besitzer eben dieses Gehirns haben. Besonders alle Begriffe und Erinnerungen, die einen etwas näheren Bezug zu der Person haben, werden mit derartigen *persönlichen Bewertungen* versehen und mit Bezug zu diesen im Gedächtnis abgelegt. Jeder Mensch speichert damit eine individuelle, persönlich gewichtete Sicht auf die Umwelt, dokumentiert für den eigenen Bedarf sein persönliches Verhältnis zu ihr.

4.1 Emotionale Marker zur Bewertung der individuellen Umwelt

Dies bedeutet im konkreten Beispiel, dass man bei jedem Nahrungsmittel, das man sieht oder das auch nur erwähnt wird, sofort (aus persönlicher Erfahrung) *fühlt*, ob man es mag oder nicht. Wenn Sie, liebe Leserin und lieber Leser, sowohl Kuchen als auch belegte Brote angeboten bekommen, werden

Sie nicht lange überlegen müssen, was Sie zuerst wählen wollen. Darin drückt sich nicht nur eine angeborene Vorliebe für süß oder sauer oder das Ausmaß Ihres aktuellen Hungers aus, sondern eine lange *Erfahrung* mit Kuchen und Wurstbrot. Ihr Gehirn hat sie gespeichert. Entsprechend können Sie dann eine erprobte Hierarchie von Getränken zu Rate ziehen, wenn Sie jemand auch noch nach Ihrem diesbezüglichen Wunsch fragt. Natürlich spielen einige aktuelle Faktoren wie Durst nach einer Wanderung oder Salzgehalt der vorhergehenden Mahlzeit eine zusätzliche Rolle bei Ihrer Entscheidung. Aber Sie verbinden ganz automatisch mit allen üblichen Nahrungsmitteln seit langem, oft seit der Kindheit gewisse Vorlieben und Abneigungen.

Diese persönlichen Bewertungen hat der bedeutende Neurowissenschaftler A. Damasio als somatische beziehungsweise *emotionale Marker* bezeichnet, die jedem Begriff zugeordnet werden, sobald er eine gewisse persönliche Bedeutung für das Individuum erlangt hat (Abbildung 4.1). Diese Marker stammen aus den schon erwähnten Mandelkernen (Amygdala). Das sind Gehirnzentren, deren Zuständigkeit für Gefühle wie Angst oder Freude besonders interessant ist. Sie bewerten nicht nur Nahrungsmittel, sondern auch Kleidungsstücke (die alten, längst unansehnlichen, aber so bequemen Schuhe, der neue modische Rock), Werkzeuge, Musikformen (Was bevorzugen Sie: Klassik, Pop, Schlager, Marschmusik?), auch einzelne Musikstücke bestimmter Komponisten oder Interpreten oder diese selbst, überhaupt allgemein *Personen*. Letztere müssen nicht zum persönlichen Umfeld gehören (wie etwa Familienangehörige oder Kollegen). Auch gegenüber Nachrichtensprechern der Fernsehsender oder ausländischen Politikern empfindet man Ab- oder Zuneigung. Emotionale Marker gehören schließlich auch oder gerade sehr ausgeprägt zu Erlebnissen oder *Erinnerungen* und zu den sich daraus ergebenden guten oder schlechten Erfahrungen.

4 Individuelle Eingriffe in die Ursachenabfolge

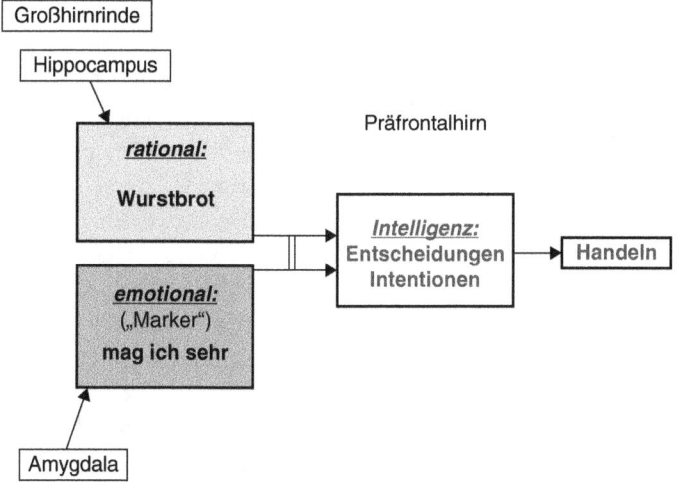

Abb. 4.1 Emotionale Marker.
Dem rationalen Gedächtnisinhalt (schraffiert), der über eine Konvergenzzone des Hippocampus aus den jeweiligen Abspeicherungsorten (der Großhirnrinde) präsentiert wird, wird immer eine emotionale Bewertung (grau) aus der Amygdala hinzugefügt, sobald das Individuum zuvor eine gewisse persönliche Beziehung zu dem Inhalt entwickelt hatte. Es kann sich um Begriffe, Gegenstände, Personen oder Ereignisse handeln. In dieser Kombination wird der Gedanke von der Intelligenz (in Konvergenzzonen des Präfrontalhirns) zum Beispiel bei Entscheidungen mit einbezogen und dient dann als (subjektive) Grundlage für Handlungen.

Ich sollte an dieser Stelle schon einmal betonen, weshalb ich diese emotionalen Marker hier bespreche: Wenn wir über den *Willen* diskutieren wollen, muss klar sein, dass im Vorfeld die *Entscheidung* fallen muss, was man überhaupt will. Das haben wir schon diskutiert. Diese Entscheidung wird einfacher, wenn die dafür herangezogenen Argumente schon vorab markiert sind. Die Entscheidungsfunktion kann dann sofort erkennen, was für mich mehr und was weniger vorteilhaft sein dürfte. Darum geht es hier aber nur vordergründig. Für das heikle Thema Determinismus ist wichtig, dass das Gehirn hier unter verschiedenen *Ursachen* auswählen (!) kann. Mehr noch:

Es wird diejenige Ursache auswählen, die sich für mich schon bewährt hat. Ich bin *kein* passives Objekt des Schicksals. Wir werden es in der Folge noch sehr deutlich machen: Alle Wesen mit einigermaßen leistungsfähigen Gehirnen können unter möglichen Ursachen, die ihr Schicksal bestimmen könnten, sich diejenige Ursache aussuchen, die für ihr Überleben vermutlich die größten Vorteile bietet. (Im Vorwort hatten wir uns gemeinsam überlegt, dass man sich einen solchen Mechanismus wünschen müsste, wenn es ihn nicht schon gäbe) Die darauf aufbauende *Entscheidung* wird dann ebenfalls vorteilhafter ausfallen, und letztlich verfolgt der daraus resultierende *Wille*, der dann die Handlung bestimmt, die „selbst ausgewählte Determinierung"! Deswegen ist es sinnvoll, dass wir uns den Bewertungsmechanismen noch einmal zuwenden.

Die emotionalen Marker können recht beständige Bewertungen sein. Sie machen unsere vertrauten Mitmenschen, wenn wir ihre Vorlieben kennen, bis zu einem gewissen Grade berechenbar. Aber die Marker sind *variierbar*, wie jeder weiß. Die Abneigung gegen einen Kollegen kann sich schlagartig ändern, wenn man wichtige positive Eigenschaften an ihm erkennt: „Den habe ich kürzlich als sehr netten Kerl erlebt, er war so fröhlich, ganz anders als bei der Arbeit." Emotionale Bewertungen sind also nicht nur äußerst subjektiv, sondern auch sehr abhängig von den aktuellen Umständen.[1] Ferner unterliegen sie allgemeinen Einflüssen wie dem „Diktat" der öffentlichen Meinung, der Mode, der Konvention, der Einstellung von Vorbildern, der Schilderung durch die Freundin.

---

[1] Darüber hinaus (und wahrscheinlich unabhängig von dieser Klassifizierung) werden derartige subjektive Einstufungen von der aktuellen emotionalen Konstellation der wertenden Person beeinflusst. So zeigten psychologische Experimente, dass die emotionale Beurteilung von Politikern (hier über den amerikanischen Präsidenten vor einer Wahl) erheblich von der Art der mentalen *Inhalte* abhängt, mit denen der Wähler kurz vor dem Urnengang beschäftigt wurde (existentielle Überlegungen, abwertende Anekdoten, emotional herausfordernde Fragen des Versuchsleiters; siehe J. Greenberg) und die offenbar noch unbewusst mitschwingen. Ähnlich würde die mitreißende Rede eines Demagogen beeinflussen.

4 Individuelle Eingriffe in die Ursachenabfolge

Aus der Sicht der Phylogenese hat die Bewertung schon bei den Tieren einen gewichtigen Grund: Was sich bewährt hat, wird mit Hilfe emotionaler Marker ausgezeichnet. Dieses Qualitätsurteil wird nun für Entscheidungen verwendet, die die *Zukunft* betreffen. Das Bewährte sollte man beim nächsten Mal bevorzugen, Unbekanntes eher vermeiden. Das ist ein sehr verbreiteter Mechanismus in der Tierwelt. Die emotionalen Marker werden zu einer der Beurteilungen der *Wahrscheinlichkeit* (andere liefert die Erfahrung und der Verstand). Je genauer die (emotionale) Bewertung und je exakter ihre Anwendung, desto geringer das Risiko beziehungsweise desto größer die Chance.

Die Bewertung aller bedeutsamen Gedächtnisinhalte mit einer Skala von „mag ich sehr gerne" bis „ich mag das gar nicht" entspricht allerdings nur einer Schwarzweißmarkierung mit Grautönen. Tatsächlich kann die *gesamte Gefühlsskala* hierfür verwendet werden: vom Besitzerstolz über Nächstenliebe bis zu Spinnenangst und Fremdenhass – gewissermaßen eine breite Farbpalette von Gefühlswerten. Das ist besonders für die Bewertung von autobiografischen *Erinnerungen* eine enorme Bereicherung, denn sie bedeutet ja immer auch die aktuelle Einstimmung, wenn etwas Bedeutendes erinnert wird, zum Beispiel um es mit der aktuellen Situation zu vergleichen. Sehr differenzierte Entscheidungen können so möglich werden, und zwar in kürzester Zeit (Weiteres zu den Emotionen in Abschnitt 6.2).

Unser Elektromonteur vor der roten Ampel hatte sicher die Information in seinem Gedächtnis, dass er bei Rot anhalten muss. Aber sein Marker „Ich finde das wichtig" war zu schwach, um sich gegen andere Faktoren durchzusetzen. Der „Ursachen-Auswahlmechanismus" vom Vorwort hatte kein ausreichendes Gewicht. Wir hören gleich von weiteren Möglichkeiten.

Der evolutionäre Vorteil der Kombination von Gedächtnisinhalten mit emotionalen Markern liegt nicht nur in der besseren, sondern auch in der *schnelleren Orientierung* in der Umwelt. Schon relativ niedere Tiere wie Reptilien profitieren davon, denn sie besitzen ein gewisses Erinnerungsvermögen und Mandelkerne (Amygdala) für die „persönliche" Bewertung. Bei Säugetieren kann man die gelernte emotionale Orientierungsunterstützung voraussetzen.[2]

4.2 Bei der Entscheidung wird „abgewogen"

Für den *Entscheidungsprozess*, der einem Willensakt vorausgeht, kommt den emotionalen Bewertungen noch in anderer Hinsicht eine besondere Bedeutung zu. Die Kapazität des Kurzzeitgedächtnisses, das für das Nebeneinanderstellen von Alternativen verwendet wird, ist gering. Da ist es sicher von Vorteil, wenn die besonders lebenswichtigen Alternativen, die nämlich den *persönlichen* Vorteil ermöglichen, bevorzugt programmiert werden können. Die Suchfunktion des Gehirns findet sie schnell unter den anderen Handlungsoptionen, wenn sie mit positiven emotionalen Markern gekennzeichnet sind. Es wird einfacher, Wichtiges von Unwichtigem zu unterscheiden.

Abbildung 4.2 mag das verdeutlichen. Nehmen wir an, ein Kellner fragt nach dem Getränkewunsch. Ganz links in der Grafik ist der Gedächtnisspeicher des Gehirns angedeutet. Einige Begriffe sind als Rechtecke dargestellt. Der jeweilige emotionale Marker ist der Einfachheit halber gleich als zweites Rechteck

---

[2] Es gibt auch viele *angeborene* Kriterien für schlecht und gut, wobei in der Evolution zuerst sicher die Vermeidung von Gefahren und damit der Marker „Angst" die größere Rolle gespielt hat. Aber bei sozial lebenden Tieren werden Gefahren auch *gelehrt*. Bekannt ist, dass Affenkinder zum Beispiel die Gefährlichkeit einer Schlange lernen, wenn sie eine Schlange und gleichzeitig die ängstliche, erschreckte Körpersprache der Mutter sehen. Die Empathie mit der Gefühlslage der Mutter definiert dann den emotionalen Marker, der mit dem Begriff „Schlange" verbunden wird, und bestimmt damit letztlich das künftige eigene Verhalten.

4 Individuelle Eingriffe in die Ursachenabfolge

darunter gezeichnet, obgleich wir jetzt wissen, dass dieses „Etikett" erst aus der Amygdala abgerufen wird, wenn der Begriff verwendet werden soll. Da es nun darum geht, ein Getränk auszuwählen, werden diejenigen Begriffe, zu denen die besonders positiven Marker gehören oder die sachlich notwendig sind, in den Arbeitsspeicher im Frontalhirn (Kurzzeitgedächtnis) geholt. Hier findet ein „Abwägen" der Alternativen Wasser und Wein statt.[3] Im Beispiel wählt der Gast den Wein, weil er ihn mag, weil er bei ihm also mehr „wiegt". Diese Entscheidung kann aber nicht in die Tat umgesetzt werden, führt also nicht zur Bestellung, wenn noch ein *externer* Kausalfaktor eingebracht wird: Jemand erinnert an die Alkoholkontrollen der Polizei (rechts oben). Die Angst vor dem Entzug des Führerscheins „wiegt" so schwer, dass nun Wasser als die richtige Wahl erscheinen wird, sobald man das Gegenargument auch auf die Waagschale legt. So primitiv das Beispiel auch sein mag, so macht es doch klar, dass man sich das „Abwägen" im Entscheidungsprozess durchaus wortwörtlich vorstellen kann. Bewusste Entscheidungen erfordern natürlich Aufmerksamkeit. Daher können nie mehrere Entscheidungen gleichzeitig getroffen werden. (Zur Aufmerksamkeit siehe Abschnitt 6.5.)

Wenn also höhere Tiere und der Mensch in ihren Gehirnen einen Mechanismus besitzen, der es erlaubt, mögliche „Kausalattributionen", die eine Entscheidung beeinflussen werden, vorab als mehr oder weniger vorteilhaft zu *markieren*, wenn sie also Ursachen im Voraus individuell gewichten können und wenn sie darüber hinaus über einen zweiten Verfahrensschritt verfügen, mit dem automatisch die vorteilhafteren Alternativen *bevorzugt* werden, dann sind sie nicht mehr wie ein Stein der harten Kausalität wehrlos ausgesetzt. Sie können

---

[3] Da der menschliche Verstand nicht sehr geeignet ist, sich komplizierte biochemische Reaktionsgleichgewichte vorzustellen, wie sie tatsächlich bei Entscheidungsprozessen im Synapsenspalt und in den Membranen der Nervenzellen ablaufen, greife ich im Folgenden zum Gleichnis mit einer Waage, um das „Abwägen" von unterschiedlich bedeutsamen Signalen (Argumenten) zu erläutern.

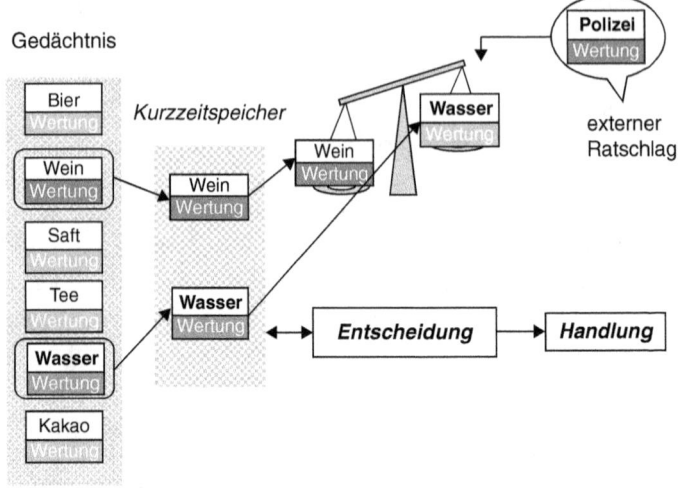

Abb. 4.2 Gewichtung von Entscheidungsgründen.
Emotionale Marker („Wertung") erleichtern die Auswahl unter den vielen Informationen in den Speichern des Gehirns (linker Bereich der Grafik). Nicht gesondert dargestellt ist, dass die Gefühlswerte der emotionalen Marker im Mandelkern niedergelegt sind und von dort abgerufen werden. Ausgewählte Daten werden für die Entscheidung in den Kurzzeitspeicher gebracht. Das „Gewicht" der emotionalen Wertung entscheidet in diesem Beispiel über das gewünschte Ziel, also die Intention. Wasser wiegt wegen der niedrigen emotionalen Wertung weniger als Wein. Wenn aber zum Beispiel durch die Warnung eines Dritten („externer Ratschlag", rechts oben) das Bewusstsein hinzukommt, dass man nur nach Wassertrinken sicher Auto fährt, worauf der Hinweis „Polizei" zielt, sollte sich die Waagschale zu dessen Gunsten senken (nicht dargestellt).

die schicksalhafte Abfolge der Ursachen zu ihren Gunsten *manipulieren*. Ein prinzipiell egoistischer „Ursachen-Sortier-Mechanismus" gewährt ihnen individuell optimierte Überlebenschancen, obgleich er eindeutig den Gesetzmäßigkeiten der deterministischen Welt folgt.[4]

---

[4] Man hat einen „psychologischen Determinismus" definiert. Damit wird die Ereignisabfolge benannt, nach der jede Konstellation eines Charakters durch eine vorausgegangene bedingt ist und ihrerseits künftige Anpassungen des Verhaltens entscheidend beeinflusst (siehe bei R. Merkel).

4.3 Der Egoismus wird auch noch belohnt

Die richtige Wertung und die Bereitschaft zur Beachtung der emotionalen Marker werden durch die Zentren des *Belohnungssystems* des Gehirns zusätzlich gefördert. Es belohnt eigentlich alles, was aus Sicht des Individuums Förderung verdient. So spricht es in gleicher oder sehr ähnlicher Weise auf Süßes oder andere gut schmeckende Nahrungsmittel an wie auf beliebte Musik oder auf die Wiederbegegnung mit einem helfenden Freund und schüttet dann Dopamin oder andere Botenstoffe aus, die *Wohlbefinden* erzeugen. Das Wohlbefinden ist aus Sicht der Natur kein Wert an sich, an dem man sich freut, sondern es soll die Bestrebung erzeugen, ähnliche Reize *erneut aufzusuchen*, also die Nahrung, die gut geschmeckt hat und einem gut bekommen ist, erneut zu essen oder bei dem Freund zu verweilen und gleich ein Wiedersehen zu verabreden. In erster Linie sollen wir Vorteile nutzen, erst in zweiter Linie können wir uns über das Wohlgefühl auch freuen.

Im Belohnungssystem lernen wir somit einen weiteren Prozess kennen, der sicherstellt, dass bei der *automatischen* Entscheidungsfindung *bevorzugt* kausale Ursachen wirken, die Vorteile versprechen und sich bereits bewährt haben. Ein weiterer automatischer Vorgang verstärkt die Bevorzugung des Bewährten dann noch weiter: Verbindungen zwischen Nervenzellen werden gebahnt, also leichter gangbar, wenn sie wiederholt genutzt werden.[5]

Ein emotionaler Marker kann sich auswirken wie ein *selbstgesetzter Standard*. Jeder kennt das: Wenn eine Unternehmung gut gelaufen ist und man sie nun gefühlsmäßig in bester Erinnerung hat, dann strebt man an, dass sie im Wiederholungsfalle gleichermaßen Freude macht. Man ist motiviert zur erneuten Anstrengung: Der Wille wird beeinflusst. So gesehen sind die

---

[5] Einzelheiten bei M. Spitzer.

emotionalen Bewertungen aber auch eine Art primitives Motivationssystem. Und aus der Perspektive der Determinierung beeinflussen sie in allen Wiederholungsfällen das Handeln zum eigenen Vorteil.

4.4 Angeborene Bedürfnisse motivieren und erzeugen Wünsche

Das Belohnungssystem erzeugt also eine gute *Stimmung*. Sie wirkt prinzipiell als *ungerichtete Motivation*, ist damit ein allgemein bestärkendes Argument für anstehende Aktivitäten: Ich habe jetzt Lust, irgend etwas zu machen.

Deutlich *gerichtet* wirken dagegen die sogenannten *angeborenen (!) Bedürfnisse* wie Neugier oder Spieltrieb. Ihre Palette umfasst ein bis zwei Dutzend Bereiche, vom Nahrungstrieb über das Bedürfnis nach Ansehen oder nach Mitbestimmung oder das nach menschlicher Nähe sowie über das Dominanzstreben bis zum Aggressionstrieb und zur Sexualität.[6]

Diese „von innen" (aus den Zentren des Zwischenhirns) aufsteigenden Wünsche und Triebe sind einerseits die wichtigste Ursache für das Gefühl, dass *ich* jetzt etwas ganz *persönlich will*, also für das *Gefühl*, einen (freien) Willen zu haben. Es ist kein anderer Grund da, auf den ersten Blick jedenfalls.

Aber solche Wünsche sind andererseits intrinsische, von ganz normalen neuronalen Zellen hervorgebrachte, durch bestimmte Ursachen ausgelöste, *richtungweisende Kausalfaktoren* für ein spezifisches Verhalten, wenn wir das wieder aus der psychologischen Perspektive der Willensbildung betrachten. Sie unterliegen ihrerseits zum Teil vorgegebenen Auslösemechanismen (Hunger und Durst für Nahrungssuche, Wut für Aggression). Zum Teil scheinen sie „aus Langeweile"

---

[6] Zusammenstellung nach Murray 1943 und Edwards 1959 in Zimbardo; ausführlich dargestellt auch in W. Seidel 2004.

zu entstehen wie das Suchverhalten zu Beginn des Spieltriebes oder wie Neugier (Abbildung 4.3). Aber sie sind oft auch die Ursache (!) dafür, dass wir überhaupt etwas tun, eine Aktion beginnen. Und damit sind sie natürlich besonders interessant in der Diskussion um determinierende Ursachenketten.

Diese *intrinsischen Motivierungsprozesse* laufen in der Regel unbewusst ab. Sie haben wesentlichen Anteil an der Gewichtung von Entscheidungen und an den letztlich resultierenden Intentionen. Die Psychologie spricht hier von einer endogenen, impliziten Kausalität. Wir erkennen darin einen der Psychomechanismen, mit deren Hilfe das Gehirn unter bestehenden Alternativen (also zwischen verschiedenen möglichen Kausalitäten) der *persönlichen Präferenz* Geltung verschafft: Soll ich gleich zum Essen gehen oder die Post noch durchsehen (also den Hunger oder die Neugier befriedigen)? Soll ich die Nähe zu dem Kollegen suchen, dem gerade ein Fehler vorgeworfen wurde, soll ich mit ihm gar Mitgefühl haben, oder soll ich ihm gegenüber meine Macht und Würde als Weisungsberechtigter ausspielen?

Die Konstruktion unseres Gehirns gibt uns auch die Möglichkeit, eigene *Körperzustände* wie Müdigkeit oder Krankheitsgefühl in Entscheidungen mit einzubringen: Soll ich (bei der Bergwanderung) mein mahnendes Belastungsgefühl beachten und auf den restlichen Aufstieg zum Gipfel verzichten? Soll ich einen Kaffee trinken, damit ich wieder ganz wach werde, oder gehe ich an die frische Luft und mache einen Spaziergang? Soll ich dem Ermüdungsgefühl nachgeben und den Rest dieser Schrift morgen weiterlesen?

Intrinsische Motivationen geben uns prinzipiell eine Fülle von Reaktionsmöglichkeiten und bestimmen die aktuell am besten geeignete, genauer diejenige, nach der mir gerade jetzt zumute ist, auf die die innere Kompassnadel gerichtet ist. Und wenn wir es offen zugeben wollen: Auch in dieser Beziehung können wir unseren Egoismus nicht glaubhaft verleugnen.

82 Das ethische Gehirn

Antrieb durch Bedürfnisse nach:

Bedeutung für Charakter, Wünsche

- Selbstbestimmung, Mitbestimmung
- Kompetenz, Leistung
- Ansehen, Autorität
- Hilfsbereitschaft, Zuneigung
- Dominanz, Führung, Wettkampf
- Selbstbescheiden, Sichanpassen
- Spiel, Neugier
- Zugehörigkeit, Nähe, Toleranz
- Sexualität

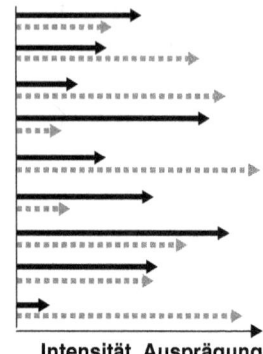

Intensität, Ausprägung

Abb. 4.3 Angeborene Bedürfnisse.
Komprimierte Darstellung aus etwa 24 verschiedenen gerichteten internen Motivationen, teilweise wirksam erst nach entsprechenden Auslösemechanismen. Sie prägen entscheidend den Charakter eines Menschen, da sie individuell sehr unterschiedliche Intensität haben. Hier ist das angedeutet einerseits für einen eher hilfsbereiten, angepassten, aber auch neugierigen Menschen (durchgehende Pfeile) und andererseits für eine eher dominierende, karrierebewusste Person (gestrichelte Pfeile). Die angeborenen Bedürfnisse formen auch Hoffnungen, Wünsche und Ziele des Menschen (nach Seidel 2008).

Wir sollten hier kurz innehalten und uns klarmachen, dass das Phänomen zwei Seiten hat: Schon die alten Griechen kannten diesen starken und vielseitigen Einfluss der Triebe, aber sie stuften ihn als Nachteil ein, und das taten auch alle Philosophen und Theologen seither. Vom Standpunkt der Gesellschaft ist das richtig, sind die angeborenen Bedürfnissen und der Egoismus ein „niederes" Streben, gewissermaßen das Animalische im Menschen, gegen das man mit ethisch korrektem Bemühen angehen muss. Wir werden uns nachher auch wieder auf diese Perspektive einstellen.

Aber wenn wir in diesem Kapitel Argumente gegen einen unerbittlichen Determinismus zusammenstellen, wenn wir erst einmal aufzeigen wollen, dass der Mensch (wie viele Lebewesen) im Gegensatz zu physikalischen Ursachenketten über enorm viele Hintertürchen und Umgehungsstraßen verfügt, um seine Vorteile und seine Wünsche durchzusetzen, dann sind diese angeborenen Bedürfnisse ein gewaltiger Vorteil. Dann erlauben sie uns, erleichtert aufzuatmen. Wir mögen Teil einer starren Maschinerie sein, aber diese lässt uns die *relative* Freiheit, wenigstens dann das zu machen, was uns gerade am meisten liegt. *Wir sind kein Automat* und sollten uns dessen bewusst sein.

4.5 Das Gewissen bewertet ethisch relevante Erfahrungen

Sowohl die schlechte wie auch die gute *Erfahrung* wird, wie wir schon besprochen haben, im unbewussten emotionalen Bereich beurteilt und dann abgespeichert. Zu den endogenen Mechanismen, mit deren Hilfe das Individuum durch emotionale Bewertungen hinzulernen kann, gehört nun auch das *Gewissen*. Man bezeichnet damit eine Art Mahnfunktion im Zusammenhang mit ungünstigen Erinnerungen im rationalen und speziell im ethischen Bereich. Sie ist keineswegs erst beim Menschen entstanden, die Evolution hat sie schon für die sozial lebenden Säugetiere entwickelt, wie jeder Hundefreund weiß. Aber für uns ist das Gewissen der Schlüsselbegriff für Erfahrung im schon angesprochenen Feld der ethisch unkorrekten Verhaltensweisen.

Ein gutes oder mehr noch ein schlechtes Gewissen kann man als eine *Stimmung* auffassen. Diese lässt sich dann in Analogie zu einem bewährten Modell aus der kognitiven Psychologie beschreiben, wie ich das an anderer Stelle ausführlich dargelegt habe (W. Seidel 2004). Zu Beginn der Planung einer Handlung mit *ethischer Relevanz* unterstellt die handelnde Person zusätzlich zur normalen Risikoabwägung, dass sie *ethische*

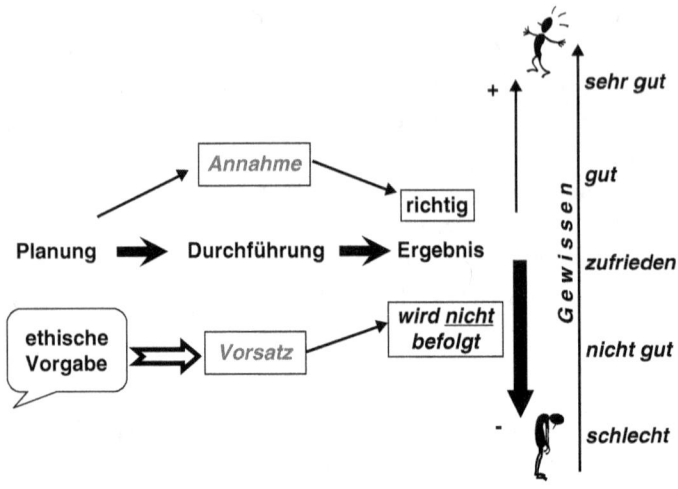

Abb. 4.4 Annahmen und Gewissen.
Die Planung und Durchführung einer Aufgabe werden in der Regel begleitet von einer Annahme, die sich der Handelnde im Voraus vom Ergebnis macht (oberer Teil der Grafik). Ist das Ergebnis gut und war dann die Annahme auch entsprechend richtig, steigt die Stimmung im Sinne eines Erfolgserlebnisses (die Skala ganz rechts gilt für Stimmung und für das Gewissen). Das Belohnungszentrum reagiert. Bei Handlungen mit ethischer Relevanz wird ebenfalls ein Vorsatz gebildet, nämlich sich ethisch korrekt zu verhalten (untere Zeile). Wird der Vorsatz dann nicht befolgt, ist die Stimmung schlecht und übertönt gegebenenfalls die Freude über den Erfolg. Stimmung beziehungsweise schlechtes Gewissen klingen lange nach.

Vorgaben[7] einhalten will. Unter diesem Vorsatz beginnt sie dann auch die Handlung (Abbildung 4.4).

Nehmen wir an, ein Herr E. hat seinem Freund F. versprochen, ihn am Gewinn einer Geschäftsunternehmung zu beteiligen, sofern er über das Vorhaben Stillschweigen bewahrt. Herr E. hatte auch den festen Vorsatz, das Versprechen zu halten. Der Freund F. war nicht aktiv am Geschäft beteiligt, hatte

---

[7] Die Begriffe „Ethik" und „Moral" sind immer wieder definiert und gegen einander abgegrenzt worden. Diese Unterscheidungsversuche konnten sich aber weder in der Fachwelt noch im täglichen Gebrauch durchsetzen. Ich werde daher beide Worte synonym benutzen.

4 Individuelle Eingriffe in die Ursachenabfolge

keine Informationen über dessen tatsächlichen Verlauf und über dessen Abschluss. So kam E. schließlich in Versuchung. Warum sollte er seinem Freund denn einen Anteil abtreten? Wo der ja gar nichts beigetragen hatte? Würde Herr E. dem Freund aber trotz der zwischenzeitlichen Zweifel dann doch den verabredeten Anteil abgeben, wäre er anschließend für längere Zeit in sehr guter Stimmung. Das wird damit erklärt, dass sich die eigene *Annahme* „ich beschenke den Freund" (Sollwert) als richtig erwiesen hat. Dann reagiert das Belohnungszentrum!

Wenn aber Herr E. heimlich den ganzen Gewinn behält, sodass sich sein ursprünglicher Vorsatz als falsch erweist, hat er ein schlechtes Gefühl, das sich zum schlechten Gewissen verstärkt, weil er auch dem *ethischen* Sollwert, ehrlich zu sein, nicht gerecht geworden ist. Freude über den kompletten Gewinn aus seinem Geschäft will dann nicht aufkommen.

Ein schlechtes Gewissen bildet sehr starke, nachhaltige Engramme im Gedächtnis, *Schuldgefühle* wegen des eigenen Fehlverhaltens bedrücken den ethischen Versager noch längere Zeit.[8] Und jede spätere Erinnerung daran erzeugt wieder jenes ungute Gefühl des assoziierten Markers. Man fühlt: Dergleichen sollte man nicht wieder tun.

Die Begleitung durch Gewissensgefühle stellt also eine besonders eindrückliche *Bewertung* der Erfahrung dar. Sie wird in der verstärkten Form abgespeichert und mag dann in der Folge zu einem starken Argument bei einer Entscheidung vor vergleichbaren Handlungen werden.[9] Die zuvor wahrscheinlich schon vorhandenen, aber schwachen Soll- und Grenzwerte (du sollst *eigentlich* ehrlich sein) werden intensiviert. Aus Fehlern kann man lernen. Die zusätzliche Androhung von Strafe oder die angstbesetzte Befürchtung einer

---

[8] Außer bei Individuen mit sehr schwach ausgeprägter Emotionalität. In diese Gruppe gehören viele Straftäter. Wir werden das im Zusammenhang mit der Schuldfähigkeit in Kapitel 7 weiter besprechen.
[9] Gedächtnisinhalte haften allgemein fester, wenn sie in Verbindung mit starken Emotionen abgespeichert werden.

solchen würde ein weiteres Gegenargument gegen die Straftat bilden. Wie wir in Kapitel 7 und 8 noch besprechen wollen, muss die Gesellschaft sich bemühen, das „Gewicht" ethischer Vorgaben und Argumente (also Kausalattributionen) zur Vermeidung von Straftaten besonders hoch zu gestalten.

4.6 Ursachen intelligent sortieren und kombinieren

Eine weitere sehr interessante Komponente der individuellen Entscheidungsfindung wirkt mit beim Spontanverhalten. Seit P. Salovey spricht man pauschal von *emotionaler Intelligenz*.[10] Die genauere Betrachtung zeigt, dass zwischen Reiz und Reaktion, also in den Ablauf einer Reflexhandlung, vom höher differenzierten Gehirn *Verhaltensmuster* eingebracht werden können. Ein derartiges Muster könnte heißen: „Alle Kräfte mobilisieren", baut also die Emotion Wut mit allen oben geschilderten Konsequenzen gezielt auf. Es könnte aber auch heißen: „Innehalten und die rationale Bewertung der Situation abwarten" (Abbildung 4.5). Das Individuum beantwortet also eine vermeintliche Beleidigung in einem Fall mit sehr effektiver Gegenwehr, im anderen mit „intelligentem" Hinzuschalten der bisherigen Erfahrung oder gelernter Verhaltensregeln. Beides funktioniert automatisch, ungewusst. Beides erhöht, mit Erfahrung eingesetzt, den persönlichen Erfolg. Die emotionale Intelligenz wird zum wichtigen Faktor bei der persönlichen Auswahl der geeigneten Ursachen. Die „richtige" Wahl wird zum Beispiel im Antiaggressionstraining in modernen Schulen gelehrt. Wenn ein Schüler meint, er sei gerade von einem anderen beleidigt worden, soll er dem nicht

---

[10] Der Begriff wurde von H. Gardner gut belegt: Diese Intelligenzfunktion hilft, emotionale Reaktionen zum geeigneten Zeitpunkt in geeigneter Form einzusetzen, und zwar automatisch im Unbewussten. Das ist zum Beispiel wichtig im Gespräch, wenn nämlich der Verstand und das Bewusstsein mit der Verarbeitung von Inhalten und deren geeignetem Einsatz beschäftigt sind (Einzelheiten siehe auch bei W. Seidel 2008).

4 Individuelle Eingriffe in die Ursachenabfolge

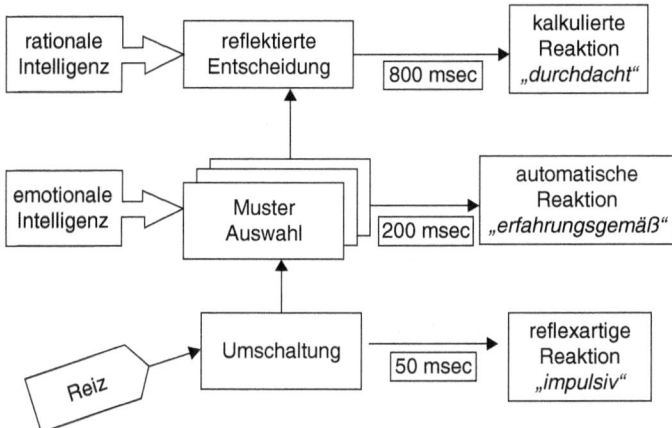

Abb. 4.5 Einwirkungsmöglichkeiten der emotionalen Intelligenz auf den Weg vom Reiz zur Reaktion.
Die direkte Auslösung einer Reaktion durch den Reiz geht sehr schnell, aber undifferenziert (Reflex, unterste Zeile). Im Gehirn des Erwachsenen sind zwischen Reiz und Reflexreaktion bewährte spezifizierende Handlungsmuster vorgegeben. Aus ihnen kann die Intelligenzfunktion unter Berücksichtigung der aktuellen Gegebenheiten und der individuellen Erfahrung auswählen, sie kann sie auch modifizieren (unbewusst, mittlere Zeile). Derartige Muster können Verzögerungen der Handlung, also Selbstbeherrschung vorsehen, die ein zusätzliches Eingreifen der rationalen Intelligenz ermöglichen (obere Zeile). Zeitangaben sind grobe Anhaltswerte.

gleich reflexartig eine runterhauen, sondern er soll innehalten und damit seinem Gehirn Gelegenheit für die Entscheidung zu einer intelligenteren Reaktion geben.

Die Verhaltensmuster, die hier durch die Intelligenz eingesetzt werden können, gehören zur großen Gruppe der durch ständiges Lernen optimierten Gedächtnisinhalte, die wir in Kapitel 3 besprochen haben. Wir hatten dort schon gesehen, dass dieses Optimieren stets zum vermuteten eigenen Vorteil geschah, dass das Dazulernen also Informationen, die später als Ursachen in Entscheidungsprozessen dienen sollten, durch Erfahrung „personifiziert" werden, dass also auch das Lernen der Manipulation der Kausalität dienlich ist.

4.7 Selbstkritik und der eigene Wille

Die Fähigkeit zur *Selbstkritik* wird der emotionalen Intelligenz zugeordnet. Intelligent ist dabei das situationsgerechte Einfügen von Verhaltensmustern oder das Zuschalten höherer Hirnfunktionen in Routineprozesse. Die Wertung oder auch noch die Entscheidung wird hinterfragt. Es kann eine Rückkoppelung mit *Gegenargumenten* erfolgen, über die man sich zu gerne (im Falle von Eitelkeit, Stolz, Selbstüberschätzung und ähnlichen Charaktereigenschaften) hinweggesetzt hatte und die sich durchaus (als intrinsische Kausalattributionen) korrigierend hätten auswirken können. Auch hier ist gezieltes Training der rechtzeitigen Intervention (anfangs rational, nach Training automatisch) möglich. Ermahnungen zur Selbstkritik sollen in der Kindheit einsetzen, sobald diese Intelligenzfunktion des Frontalhirns ausgereift ist (mit etwa 14 Jahren, bedingt funktionsfähig ist sie allerdings schon deutlich früher), und dürften ein Leben lang zweckmäßig sein.

Wieder muss der Mensch nicht – einem Stein gleich – den äußeren Umständen gehorchen. Er kann also auch, unbewusst und automatisch, eigene, implizite, „endogene" Ursachen fallweise einrechnen in das Bündel richtunggebender Einflüsse.

Ein interessanter Aspekt ist in diesem Zusammenhang die schon in Abschnitt 3.5 besprochene *Willensstärke*. Sie ist psychologisch definiert als die Fähigkeit, ein verlockendes Nahziel zurückzustellen zugunsten eines höherwertigen, aber weniger leicht erreichbaren Ziels. Das Fasten mit Blick auf den Cholesterinspiegel ist wichtiger, aber schwerer einzuhalten als das Beladen des Tellers am Käsebuffet. Es geht also darum, das *wichtigere Ziel* in den neuronalen Netzwerken aktiv zu halten und es gegen Störungen abzuschirmen. Man findet bei Versuchspersonen eine erhöhte Aktivität in den vordersten Abschnitten des Stirnhirns, im präfrontalen Kortex, und bei Affen hat man hier unter solchen Bedingungen eine Daueraktivität gewisser Neuronen registriert. Es ist der Bereich des

Gehirns, in dem man überhaupt die zielgerichtete Handlungskontrolle lokalisiert findet.

Bekannt ist der sogenannte *Marshmallow-Test* bei Kindern. Man gibt jedem ein Stück dieser beliebten Süßigkeit, und sie dürfen es sofort essen. Falls sie es aber zehn Minuten unberührt lassen, bekommen sie einen zweiten Marshmallow. Üblicherweise zeigt etwa die Hälfte der Fünfjährigen schon die erforderliche Willensstärke. Beachtlich war nun eine Nachuntersuchung der Kinder derartiger Experimente nach zwölf Jahren: Unter den nun 17-Jährigen schnitten diejenigen, die das höhere Ziel, nämlich den zweiten Marshmallow durchgesetzt hatten, hinsichtlich ihrer sozialen und emotionalen Kompetenz deutlich besser ab. Man vermutet, dass unbewusste emotionale Fähigkeiten (unter Mitwirkung der emotionalen Intelligenz) auch schon beim Erstversuch die Willensstärke aktiviert hatten. Auch die schulischen Leistungen waren bei den „Willensstärkeren" deutlich besser.[11] Man könnte das darauf zurückführen, dass emotionale Fähigkeiten wie Konzentrationsvermögen und Ausdauer den Schulerfolg ganz wesentlich steigern.

Die gemessenen Kompetenzen sind grundsätzlich angeboren, aber man kann und sollte sie trainieren. Diszipliniertes Selbstmanagement wird heute geradezu als überlebensnotwendig angesehen, ungezählte Ratgeber stehen zur Verfügung (Übersicht bei S. Maasen).

4.8 Durch Denken geeignete Ursachen schaffen

Beim Menschen ist diese Möglichkeit der „Kausalitätsoptimierung" nun noch um eine ganze Dimension erweitert. Durch *abstraktes Denken* und durch *Planen* im virtuellen Raum des Bewusstseins kann das menschliche Gehirn vorhandene Bedin-

---

[11] W. Mitchell, zitiert nach D. Goleman und H. Heckhausen.

gungen der Umwelt (gedanklich) variieren, kann im virtuellen Raum Einflüsse abwandeln, kann vor seinem „geistigen Auge" *neue Bedingungen konstruieren*, und zwar für Vergangenes wie für die Zukunft, sogar für die eigene (Abschnitt 3.6). Diese gedanklichen Konstrukte werden ebenfalls mit emotionalen Markern versehen und können so im Gedächtnis abgespeichert werden.

Neue gedankliche Szenarien erfindet das Gehirn natürlich nicht völlig frei. Das Denkorgan wird nach Impulsen seiner Motivatoren oder nach Anstoß von außen tätig und kann dann aus Gedächtnisinhalten assoziieren und nach vorgegebenen Regeln und gemäß erlernter Sollwerte neue Szenarien, neue Argumente oder Vorbehalte *kombinieren*. Wenn der Weinliebhaber aus Abbildung 4.2 nun missmutig vor seinem Wasser sitzt, könnte er herausfinden, dass seine Nachbarin in diesem Lokal arbeitet. Das bringt ihn auf den Gedanken, sie zu fragen, ob sie ihn nach Hause mitnehmen könnte, falls er doch noch Wein trinkt. Wenn sie zusagt, wird er die Idee als günstig abspeichern und bei künftigen Besuchen dieses Lokals die Möglichkeit sofort bei seiner Getränkeentscheidung berücksichtigen.

Auch ein schöpferischer Schriftsteller oder ein Philosoph produziert in seinem Gehirn nur neue *Kombinationen von vorhandenen Informationen*. Entweder assoziiert er Bekanntes und findet ein neues Ergebnis, oder er hat eine Zielvorstellung (Ursache!) und kombiniert dafür Argumente aus Informationen, die er in seinem Gedächtnis oder in der Literatur findet.[12] Beides nennt man kreativ. Die Möglichkeiten sind ja tatsächlich fast grenzenlos und führen besonders dann zu neuen Resultaten, wenn man gewohnte Denkpfade verlässt und „bewährte" Kombinationen aufbricht. Aber zusätzlich muss auch eine in-

---

[12] Auch ich habe aus „Ursachen" aus der Fachliteratur und aus meinem Gedächtnis die Ideen zu diesem Buch kombiniert. Ich habe sie in eine neue logische Folge gebracht. Die Gedankengänge dieses Buches können nun, da sie publiziert sind, mit in die Vielfalt schon vorhandener Argumente eingehen und (hoffentlich) künftiges soziales Verhalten oder die Behandlung von Straftätern etwas häufiger in eine zweckmäßigere Richtung lenken.

4 Individuelle Eingriffe in die Ursachenabfolge 91

telligente (!) Abgleichung mit bekannten Informationen, mit „geistigen Sollwerten" stattfinden können, um Gutes von Schlechtem, Uninteressantes von Neuartigem zu trennen.

Durch diese Kombinatorik beim „Nachdenken" entstehen bisher nicht dagewesene Inhalte, die mehr oder weniger *neue Entscheidungs- und Handlungsoptionen* eröffnen. Wenn eine Entscheidung ansteht, können diese selbst erstellten (!) und gewerteten Gedankenkonstrukte ebenso wie übliche Informationen als Argumente, also *als Kausalfaktoren*, aus den Gedächtnisspeichern abgerufen werden. Sie werden dann zur Entscheidungsfindung in den Arbeitsspeicher des Frontalhirns gestellt.

Hier im Stirnhirn wird nach der Entscheidung auch die bewusste Durchführung gesteuert. In der fMRT kann man hier vermehrte Aktivitäten erkennen, wenn die Aufmerksamkeit auf bestimmte Abläufe gelenkt oder störende Einflüsse abgewehrt werden müssen oder wenn gar mehrere Ziele kombiniert werden sollen. Dieser Bereich arbeitet auch stark, wenn die Versuchspersonen etwas planen sollen, nach Fehlern suchen oder Ergebnisse bewerten müssen (T. Goschke).

Vielleicht sollte ich es an dieser Stelle noch einmal betonen: Die Gedanken erleben wir in einer *virtuellen* Sphäre unseres „Vorstellungsraumes". Diese Phänomene sind aber *nichts Unwirkliches*: Sie sind eindeutig Ergebnisse der materialistischen, physischen Ebene, nämlich das Resultat von biochemischen und elektrophysiologischen Vorgängen in einer riesigen Zahl von Nervenzellen und in diesen während des Denkens real vorhanden. Da bedeutet es auch keinen Unterschied, ob ich in der „ersten Person" denke oder in der „dritten" (Abschnitt 2.5).

Der Mensch kann weiterhin (auch hier ist er dem Tier überlegen) durch eben diese geistigen Konstrukte und Planungen *böse sein*. Er kann die möglichen Vorteile von Hinterlist, Betrug, Lügen oder Mobbing erkennen, die er dann in das Rechenwerk seiner Entscheidungsfindung einfügt. Andererseits kann er natürlich auch vor einer geplanten Handlung noch einmal *nachdenken* und erkennen, dass er doch lieber anständig bleiben sollte. Ein noch hinzugezogenes ethisches Argument mag dann den Ausschlag für die edle Tat geben.

Wir denken zurück an den anfangs erwähnten eiligen Elektromonteur. Hätte er sich vor Beginn seiner Fahrt überlegt, dass er sich heute *nicht* so hetzen lassen sollte, oder hätte er sich fest vorgenommen, dieses Mal vorsichtig zu fahren und ganz bestimmt alle Verkehrsregeln zu beachten, hätte er wenige Minuten später einen gewichtigeren Grund gehabt, die rote Ampel doch zu respektieren. Hätte. Der „Ursachen-Auswahlmechanismus" vom Vorwort hätte ihm dann geholfen. (Er funktioniert offenbar nur, wenn man gewisse Vorbedingungen schafft. Wir kommen beim „Verantwortungsgefühl" in Kapitel 7 wieder darauf zurück.) Für solches Nachdenken vor Beginn der Fahrt gab es für den jungen Mann leider keine Ursache.

Wir erkennen: Auf die *Verfügbarkeit* kommt es zusätzlich zur *Gewichtung* an. Falls der Mensch genügend starke Argumente abrufen kann, kann er sogar *altruistisch* handeln. Andererseits kann er durch falsche Gedankenkonstrukte auch in die Lage kommen, objektiv unsinnige Handlungsentwürfe zu entwickeln, sie zu wollen und in die Tat umzusetzen. Er kann dadurch als genial gelten oder untergehen. Kausal determiniertes Schicksal?

Wieder sind es *evolutionsbedingt*, also nach den Regeln kausaler Naturgesetze, entstandene Gehirnstrukturen, die neue (Kausal-)Faktoren generieren. Sie verschaffen dem Menschen persönliche Vorteile im Überlebenskampf in der Natur. Sie können sich allerdings auch zu seinem (tragischen) Nachteil auswirken.[13]

---

[13] Die dramatisierende Kunst und die tragische Literatur leben davon, dass oft das individuelle Wissen über relevante Kausalitäten nicht ausreicht. Hätte der Feldherr daran gedacht ..., hätte der Ehemann gewusst ... Die *begrenzte Kapazität des Arbeitsspeichers* (Kurzzeitgedächtnisses) wird so selbst zu einem Kausalfaktor. Allerdings: Aus dem Blickwinkel der Evolution gesehen ermöglicht die Beschränkung auf die wichtigsten Fakten eine *rasche* Entscheidung.

4.9 Dem Willen stehen viele Wege offen, aber er ist nicht völlig frei

Bis zu diesem Stand der Argumentation können wir also schon feststellen, dass der Mensch in der Natur das *Privileg* genießt, dass sein Gehirn aus einem Strauß gegebener Kausalitäten die für ihn besonders genehmen auswählen kann, ja, dass es dem seine Entscheidungen beeinflussenden „Kausalitätengebinde" sogar noch zahlreiche mehr oder weniger exotische Blüten hinzufügen kann. Aber wir werden es noch herausheben: Dieses Gehirn wählt dann automatisch die Alternative mit den aktuell größten Gewichten, also mit der besten Kombination von Argumenten. Das Privileg bedeutet für den Menschen die zusätzliche Chance, das vermutlich Beste zu tun, bedeutet aber keinen freien Willen zur willkürlichen Auswahl.

Ich möchte auf keinen Fall missverstanden werden hinsichtlich der Formulierung, dass das menschliche Gehirn *„neue"* Argumente *hinzugenerieren* kann und dadurch zusätzliche Ursachen für Entscheidungen oder sogar Handlungen bildet. Ich hoffe, klar genug formuliert zu haben, dass natürlich *nicht* eine Neubildung aus dem Nichts gemeint ist. Das Gehirn ist zwar in weiten Bereichen noch eine unverstandene Black Box, aber es geschehen darin keine Wunder. Die Gehirnstrukturen können nur vorhandene (Teil-)Faktoren *neu kombinieren*, sie können nur mit Signalkonfigurationen rechnen.

Falls sich unter den Leserinnen und Lesern noch Zweifler befinden, will ich versuchen, die „Erhaltung der Kausalität" an einem Modellfall zu verdeutlichen. Alle anderen können diesen Abschnitt übergehen.

Fall A: Ein junger Mann kommt nachts in eine einsame Tankstelle, findet die Kasse gerade offen und unbewacht. Er stiehlt das Geld. Das unbewachte Geld ist psychologisch eine Verlockung. Für unsere Betrachtung ist es dagegen die *externe Ursache*. Es sind genau genommen die Lichtstrahlen, die von den Geldscheinen in die Augen des jungen Mannes reflektiert werden. Sie wurden in den Augen übersetzt in biochemische und elektrische Signale, die ihrerseits später wieder in physikalische Ursachen zurückgewandelt werden. Biochemisch und elektrisch organisiert das Nervensystem reflexartig den Griff in die Kasse. Die resultierende Handbewegung ist wieder ein eindeutig physikalisches Phänomen: Es werden Geldscheine bewegt, vermittelt aber durch dazwischen eingefügte biochemische Nervensignale. Sie sind nur eine besondere Form der Übertragung, die in diesem Falle nötig ist, damit alle Finger seiner Hände die Scheine sicher fassen.

Fall B: Eine *zweite externe* Ursache könnte die Reaktion des Diebes verändern. Nehmen wir an, dass unerwartet die Kassiererin hinter der Kasse auftaucht. Der junge Mann gibt vor, gerade zahlen zu wollen. Der Leser kann das jetzt selbst erklären: Die Intelligenz des jungen Mannes hat die *zusätzliche*, unangenehme externe Ursache einkalkuliert und dann eine Problemlösung gefunden in Form der Ausrede. Er nutzte schnelles Denken und alternative Vorlagen aus seinem Gedächtnis.

Fall C: Es könnte auch sein, dass zusätzlich zu dem von dem unbewachten Geld ausgehenden Reiz ein *intern* (in seinem Zwischengehirn) generiertes Signal dem jungen Mann meldet, dass er die ganze Zeit schon Hunger und Durst hat. Er besitzt ja im Gehirn, wie schon besprochen, auch eine Art „Motivationsgenerator" für angeborene Bedürfnisse, der nun den dringenden Wunsch nach Nahrung erzeugt. Also lässt der junge Mann eine Flasche Bier und ein Sandwich mitgehen (im Fall B mit Bezahlung, im Fall A ohne). Die Verrechnung der Signale der externen mit denjenigen der *inneren Ursache* (leerer Magen) ergibt die Verursachung einer neuen kombinierten Aktion. Man kann sagen, dass das Gehirn für diese Reaktion eine zuvor nicht vorhandene neue *neuropsychologische* Konstellation und damit eine „*neue Ursache*" für ein anderes Verhalten geschaffen hat.

Fall D: Eine besondere Errungenschaft der Evolution ist nun im menschlichen Gehirn ein „Zusatzmodul", das wie alle Nervenstrukturen biochemisch funktioniert, aber auch eine *Vorausplanung* mit Hilfe gehirninterner Signale gestattet. Das führt uns zu weiteren Variationen: Der junge Mann sieht entsprechend Fall B das Geld und die Verkäuferin, aber keine Zeugen. Er überlegt im Geiste, welche Folgen entstehen können und welche Möglichkeiten er haben wird. Um doch nicht zu zahlen, kann er die Frau überraschen und überwältigen oder er kann vortäuschen, einen Revolver zu haben, und tritt dann mit dem Geld den Rückzug an. Das „Planungsmodul" des Gehirns hat rein gedanklich *Zusatzmöglichkeiten* aufgezeigt, die sich aus Informationen ergeben, die der Mensch in seinem Gehirn schon gespeichert hatte, also aus einem Vorrat weiterer Ursachen: Er erinnert sich an (assoziiert) Szenen aus Kriminalfilmen, Erzählungen von Kumpels, vielleicht auch Ermahnungen der Polizei oder seines Religionslehrers. Wer einschlägige Konstellationen im Gehirn aufbewahren und bei Bedarf erinnern und hinzuziehen kann, hat viele neue Entscheidungschancen. Aber wir bleiben im Ursache-Wirkung-System.

Fall E: Ein weiteres „Zusatzmodul" eröffnet dem Menschen die Möglichkeit der *Informationsübermittlung* an Artgenossen mittels Sprache. Er kann nun andere statt seiner reagieren lassen. Er kann wie im Falle B friedlich hinausgehen, einen rücksichtslosen Kumpel telefonisch herbeirufen und ihn das Geld rauben lassen. Er könnte manche andere Möglichkeit in seinem Gehirn zusammenstellen und dann verwirklichen. Der Leser mag seiner Phantasie freien Lauf lassen. Wer denken und kommunizieren kann, hat sehr viele Möglichkeiten, *und zwar im Bereich der Kausalität*. Er hat sogar noch mehr als nur die persönliche Bewertung und die Assoziation, wie ich gleich zeigen werde.

Zusammenfassend können wir jetzt – allgemein gesehen – festhalten, dass das menschliche Gehirn die eigenen Belange gewichten und in aktuelle Entscheidungen einbringen kann. Das Resultat der Entscheidung, die Intention, entspricht dem erhofften Vorteil des Individuums. Man kann infolge dessen von einem *eigenen* Willen sprechen. Aber dieser eigene Wille richtet sich (im Gegensatz zum freien Willen) nach Ursachen, er ist also nicht gänzlich frei, nicht autonom im grundsätzlichen Sinne. Es wird nicht einfach eine völlig neue Richtung des Verhaltens eingeschlagen, sondern es wird die individuell beste unter den möglichen Alternativen gewählt, und zwar unter richtunggebender Mitwirkung des *emotionalen* Systems des Gehirns.[14]

In der Alltagspsychologie ist ein derartiger „eigener" Wille etabliert. Die Menschen wissen, dass sie selbst auf breitester Ebene wollen können, unterstellen dabei aber als selbstverständlich, dass sie bei diesem Wollen nicht von einer freien Willkür, sondern von einer möglichst sorgfältigen Analyse der einwirkenden Ursachen ausgehen. Das hatten wir gleich in Kapitel 1 festgehalten. Bei unerwünschtem Ausgang suchen sie entsprechend nach konkreten Ursachen für eventuelle Fehler und sind darauf gefasst, sie gegebenenfalls bei sich selbst zu finden.

---

[14] Das emotionale System repräsentiert praktisch alles Wissen von den Innenzuständen des Körpers einschließlich des Gehirns selbst. Die Mitwirkung der Gefühle ist so vorteilhaft für das „System agierender Mensch", dass man inzwischen bei der Konstruktion von künstlicher Intelligenz von Robotern dem Emotionalen analoge Funktionen zu implementieren versucht (weiterführende Literatur bei J. Wachsmuth).

4.10 Nutzung der Erfahrungen der Mitmenschen

Ausgehend vom Determinismus könnte man beim emotionalen System, das Wertungen, Stimmungen und angeborene Bedürfnisse einschließt,[15] und bei der Kombinationsfähigkeit beim Denken von „kausalitätsmanipulierenden Funktionen" des Gehirns sprechen. Man mag sie auch als einen großartigen Kunstgriff werten, mit dem das starre kausale System der unbelebten Natur wesentlich aufgelockert wird.

Die sich daraus ergebenden Möglichkeiten erfahren eine gewaltige *quantitative Ausweitung* durch den sogenannten „kulturellen Überbau" der *menschlichen Zivilisation*. Sprache und Schrift ermöglichen die Weitergabe eigener Gedanken und Erkenntnisse an andere Menschen und umgekehrt das Sammeln und Nutzen derselben über Jahrtausende. Eine astronomische Zahl von Argumenten jeder Art kann heute jeder Interessierte in Protokollen, Akten, Büchern sowie dem Internet finden. Es ist der Effekt der Sprachfähigkeit: Der Mensch kann eine Auswahl der mentalen Produkte *anderer* ins *eigene* Gehirn übernehmen und sie dann selbst als zusätzliche Kausalfaktoren verwenden.

„… eine Auswahl … übernehmen": Hier wird auch ein besonderer, in den Hirnfunktionen weit verbreiteter Psychomechanismus eingesetzt, nämlich die *Assoziation*. Begriffe, Gedankengänge, Ereignisse, die aktuell interessante Beziehungen erkennen lassen zu Aktuellem oder zu schon Bekanntem, werden bevorzugt. Wir haben es hier also mit einem Auswahlprinzip zu tun, das vorzugsweise beim Planen und beim logischen Denken und Argumentieren assistiert, das – schon wieder – dazu dient, genau diejenigen Argumente hinzuzuziehen, die den persönlichen Vorteil mehren könnten. Ferner können Erfahrung und Intelligenz den Menschen ermächtigen, *gezielt* nach Alternativen oder Gegenargumenten

---

[15] Siehe A. Damasio oder W. Seidel (2008).

zu suchen, sie nüchtern einzukalkulieren und damit Vorteile gegenüber „weniger klugen" Menschen zu erzielen.

Nicht nur ein Nebenprodukt der bisherigen Argumentation ist die ständig wiederholte Feststellung, dass speziell die emotionalen Funktionen ohne Ausnahme den *eigenen Vorteil* anstreben. Die Geschichte der Evolution ist schon oft als eine Geschichte des Egoismus pointiert worden,[16] und wir müssen das hier bestätigen. Nahezu alle Funktionen des Gehirns fördern die eigennützige Grundhaltung der Natur. *Aus Sicht der Gesellschaft* ist das nicht tolerabel. Sie muss diese Tendenz mit Hilfe des Verstands, und zwar mit anerzogenen Gegenargumenten zurückdrängen. Einen abmildernden Altruismus, eine gewisse Rücksichtnahme auf den Nachbar und die Gesellschaft kamen allerdings schon bei der Erwähnung des Gewissens ins Blickfeld.

4.11 Altruismus, ethische Einstellung

Altruistisch, also selbstlos zu entscheiden und zu handeln, ist eine der „höchsten" Fähigkeiten des Menschen, jedenfalls aus ethischer Perspektive. Bei diesem Stichwort denkt man gerne an Hilfe für in Not geratene Mitmenschen, an Spenden oder Opfer. Es liegt nahe, die entsprechende Entscheidung dem *Verstand* zuzurechnen. Er wird sich von Vorbildern oder sozialen Vorgaben beeinflussen oder leiten lassen. Dass häufig *Mitleid* im Spiel sein dürfte, also eine emotionale Komponente, die auf der Fähigkeit zur Empathie beruht, kann sich jeder überlegen. Es gibt auch Hinweise auf angeborene altruistische Verhaltensweisen. Insgesamt kann man eine ganze Palette von Ursachen als Auslöser oder als Zusatzeinfluss ausmachen.

---

[16] „Alle Lebewesen sind nur die Werkzeuge ihrer Gene zu deren Weiterleben" (R. Dawkins 1994, *Das egoistische Gen*).

4 Individuelle Eingriffe in die Ursachenabfolge

Das Prinzip des Altruismus muss nicht an hehren Beispielen verdeutlicht werden. Vielleicht hatten Sie, lieber Leser, Ihrem Enkel versprochen, ihn zum Sommerfest seines Fußballvereins zu begleiten. Eigentlich hätten Sie an diesem Sonntagvormittag ja gemütlich Ihr Buch zu Ende lesen können. Sie sehen voraus, dass der Junge auf dem Platz nur mit seinen Freunden herumtollen wird, dass Sie ganz überflüssig sein werden, und Sie kennen dort allenfalls Leute, die Ihnen nicht behagen. Sie werden im Nieselregen gelangweilt herumstehen. Sie haben nur Nachteile. Aber Sie wollten dem Jungen eine Freude machen, einen großen Wunsch erfüllen. Natürlich gehen Sie mit.

Für die Entscheidung zur selbstlosen Tat wird das Gehirn auch die Fähigkeit zur Willensstärke, die wir gerade besprochen haben, verwenden. Auch bei der Bevorzugung eines höheren Ziels gegenüber dem nächstliegenden setzt das Gehirn seine Auswahlmöglichkeiten unter alternativen Ursachen ein, vermutlich wieder mit Hilfe der emotionalen Gewichtung.

Mancher Skeptiker könnte unterstellen, dass beim Altruismus (zum Beispiel Erste Hilfe bei Unfall oder Überfall) letztlich irgendwie immer der *eigene Vorteil* der eigentliche Antrieb ist, sei der Gewinn nun real oder ideal (als Imagegewinn oder dergleichen). Sicher sind die Übergänge zur kühl berechneten Wohltat oder unterschwellig erhofften Marketingwirkung fließend. Aber auch dieses graduelle Abweichen von der reinen guten Tat spricht dafür, dass es beim Altruismus letztlich um das Abwägen zwischen emotional bewerteten Argumenten geht und nicht um metaphysische Einflüsse.

Und ich persönlich bin sicher, dass auch eine zum Beispiel von Mitleid getragene spontane Hilfsaktion, die dem Handelnden unwiederbringlich Zeit und Geld kostet, ohne jeden egoistischen und/oder kommerziellen Hintergedanken geleistet werden kann. Denn jeder Mensch hat in seinem Leben eine mehr oder minder große Zahl von ethischen Argumenten

Das ethische Gehirn

(Beispiele, Regeln, Gebote) gelernt, die nun begleitend mitschwingen und völlig ausreichen, um auch einmal zum Vorteil eines anderen zu entscheiden. Auch Ihr Gehirn, liebe Leserin, lieber Leser, hat automatisch lernend Informationen zu allen wichtigen Problemen im Laufe Ihres Lebens integriert. Nun haben Sie eine persönliche ethische Einstellung, eine Haltung zum Helfen in bestimmten Situationen (zum Beispiel gegenüber Alten oder Behinderten), aber auch zu ethischen Forderungen wie Ehrlichkeit oder zu sozialem oder politischem Auftreten usw.

Das Lernen von grundsätzlichen *Einstellungen* ist bei unserem Thema ein sehr wichtiges Prinzip, weil die Gesellschaft uneigennütziges Verhalten fordert und lehrt, lehren muss (Kapitel 7). Ich bin überzeugt, dass man Regeln für das sozial verträgliche Verhalten auch einfach als Prinzip aufstellen sollte, also ohne das In-Aussicht-Stellen von direkter oder indirekter Belohnung im Diesseits oder im Jenseits. Das hat dann auch Konsequenzen für das Bemühen um die Resozialisierung von Straftätern, die wir in Kapitel 8 erwähnen werden.

Diese Überlegungen gelten auch für Einstellungen, die dem Altruismus wesensverwandt und hinsichtlich der mentalen Mechanismen wohl gleich sind wie Ehrlichkeit, Fairness und Rücksichtnahme oder Standhaftigkeit gegenüber vielerlei Versuchungen. Wir werden den Willen zu ethischem Verhalten in Kapitel 7 noch aus dem gesellschaftlichen Blickwinkel eingehender diskutieren.

Ich möchte nun die Aussagen des vorliegenden Kapitels über die erstaunliche Vielfalt, mit der das Gehirn das kausale System zu seinem Vorteil zu nutzen versteht, noch einmal in Kurzform zusammenfassen, und zwar zunächst in einigen Kernsätzen, dann aber auch in einer Grafik:

- Mit Hilfe der emotionalen Marker werden alle für das Individuum relevanten Daten wie Begriffe oder Erinnerungen bewertet. Wann immer später Daten aus den Gedächtnisspeichern (als Ursachen) Verwendung finden,

4 Individuelle Eingriffe in die Ursachenabfolge

werden die positiv bewerteten – wird also das, was sich bewährt hat – bevorzugt. Die Welt wird dadurch subjektiv widergespiegelt, und alle Entscheidungen sind egoistisch geprägt.

* Entscheidungsprozesse kann man sich sehr wörtlich als „Abwägung" vorstellen, wobei sowohl das rationale als auch das emotionale „Gewicht" der Argumente zählen.
* Angeborene Bedürfnisse wirken als genetisch vorgegebene Ursachen für Entscheidungen zum Handeln, und zwar für subjektiv bevorzugtes Agieren. Sie entstehen in Zentren des Mittelhirns und formen Wünsche und Hoffnungen.
* Die Wiederverwendung dessen, was sich dem Individuum bewährt hatte und entsprechend positiv markiert wurde, wird durch das Belohnungssystem mit Wohlbefinden „belohnt".
* Die emotionale Intelligenz sorgt dafür, dass individuell bewährte (oder gelernte und trainierte) Verhaltensmuster in geeigneten Situationen zum Einsatz kommen können, also optimales Verhalten verursachen.
* Das Gewissen ist eine Mahnfunktion, die gestattet, individuell erworbene Erfahrung verstärkt einzusetzen. Es kann als Funktion der Selbstkritik aufgefasst werden. Generell hilft es uns, die gesellschaftlichen Regeln einzuhalten.
* Willensstärke ist die Fähigkeit, höhere Ziele zu verfolgen und damit wiederum bestimmte ausgewählte Ursachen zu bevorzugen. Die (angeborene) emotionale Intelligenz der Persönlichkeit scheint dabei eine wichtige Rolle zu spielen. Durch gezieltes Training und fachgerechte Unterweisung in dieser Hinsicht kann die konsequente Verfolgung lohnender Ziele unterstützt werden (Hilfe beim Selbstmanagement).
* Durch Nachdenken und Überlegen können neue Handlungsoptionen konzipiert werden, die dann, im Gedächtnis zur späteren Verwendung aufbewahrt, als ursächliches Argument verwendet werden können. Es ergeben sich damit innerhalb des kausalen Ursachenflusses eine Fülle persönlich vorteilhafter Möglichkeiten.

- Altruismus bezeichnet das Streben, der egoistischen Grundausrichtung allen menschlichen Verhaltens in ausgewählten Situationen entgegenzuwirken. Befördernd ist neben der rationalen Anstrengung auch das emotionale System, speziell das Mitleid, das für entsprechend kräftige emotionale Marker an den von der Gesellschaft vorgegebenen ethischen Argumenten sorgt. Sozial verträgliches Verhalten (wie Ehrlichkeit, Fairness, Rücksichtnahme) wird mit analogen Mechanismen ermöglicht.

In ihrer Gesamtheit ergeben die Ursachenmanipulationen von Gehirnen ein *eigenes Prinzip der Natur*, das bislang nicht gebührend herausgestellt wurde. Daher versuche ich, in Abbildung 4.6 die wichtigsten Phänomene grafisch zu ordnen. Schematisch sind sie in vier Gruppen eingeteilt. Von unten nach oben gelesen erinnern sie uns noch einmal an die Argumente dieses Kapitels:

1. Individuelle Bewertung der Kausalitäten durch emotionale Marker, emotional intelligenter Einsatz von bewährten Verhaltensweisen sowie Belohnung der Befolgung förderlicher Verhaltensweisen ermöglichen die zweckmäßige Anpassung an die Umwelt.
2. Intrinsische Motivation durch Triebe und die angeborenen Bedürfnisse ermöglichen die aktive Wahl von Verhaltensweisen und befördern insbesondere die kompetente Anpassung an die Gruppe.
3. Logisches Denken und Assoziieren fördern die fast unbegrenzte Kombination von Argumenten zu immer neuen „Ursachen". Die Sprache ermöglicht die Nutzung der Errungenschaften der Gehirne anderer Menschen. Durch die intelligent eingesetzte Willensstärke können höherwertige Ziele anstelle von vordergründigen erreicht werden.
4. Durch intelligente Selbstreflexion und Selbstkritik können komplizierte und selbst altruistische Problemlösungen erdacht und ethisch korrekte Verhaltensweisen gesteuert werden.

4 Individuelle Eingriffe in die Ursachenabfolge 103

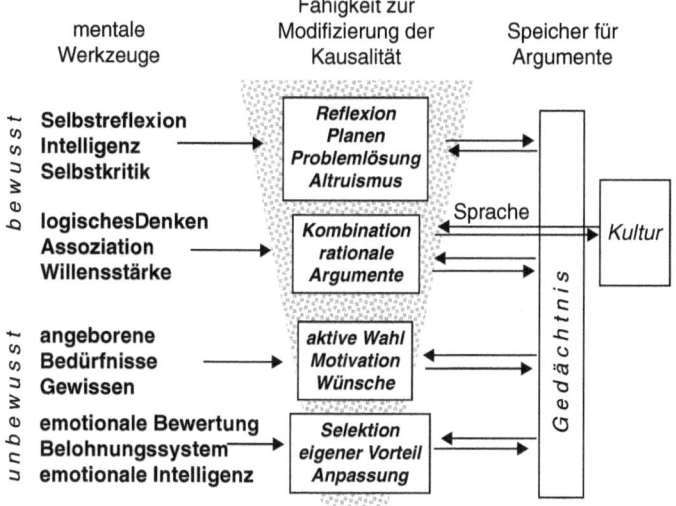

Abb. 4.6 Fähigkeiten zur Modifizierung der Kausalität.
Dem menschlichen Gehirn steht eine Reihe von Werkzeugen aus verschiedenen zerebralen Systemen zur Verfügung (linke Spalte), um die Gegebenheiten zum eigenen Nutzen zu modifizieren (mittlere Spalte). Das Gedächtnis hält einen gewaltigen Vorrat an Argumenten zur Auswahl bereit, die Erziehung trägt zu ihrer Mehrung und Gewichtung bei, die Sprache ermöglicht sogar die Nutzung der Erfahrungen der ganzen Menschheit (rechte Spalte). Einige der Funktionen laufen unbewusst ab (untere Hälfte), andere erzielen wir durch bewusstes Denken. In das dargestellte Grundschema könnten vielerlei weitere Erkenntnisse der Wissenschaft eingefügt werden. Es gibt praktisch keine Einschränkung für realistisches menschliches Wollen.

Für das Herausarbeiten meiner Grundidee, dass der Mensch in der Lage ist, Ursachen, von denen er abhängig ist, derart zu seinem Vorteil zu manipulieren,[17] dass ihm dadurch eine fast

---

[17] Die Fähigkeiten finden sich ansatzweise bereits im Tierreich. Insbesondere sind manche Vögel in der Lage, ihre Erfahrungen weiterzugeben, zum Beispiel das Aufpicken von Milchflaschen. Krähen können in die Zukunft planen, können Leckerbissen nicht nur vor Artgenossen verstecken, sondern diese Konkurrenten auch gezielt in die Irre führen. Der Hund kann das nicht und ist daher unser bester Freund.

grenzenlose Auswahl von Entscheidungsmöglichkeiten zur Verfügung steht, sollte das Besprochene genügen.

Im folgenden Kapitel soll nun der Frage genauer nachgegangen werden, wie es zu dem Irrtum kommt, dass man einen freien Willen hat, und wofür dieser Irrtum gut sein könnte. Wir können uns aber auch einmal vor Augen halten, dass jemand, der diese vielseitigen Kräfte seines Gehirns täglich erlebt, ohne alles in Einzelheiten zu analysieren, durchaus dem Irrtum unterliegen kann, sein Geist könne einfach alles. Er meint, dass er förmlich frei sei und sein Wille natürlich auch.

5
Begründungen für das Gefühl eines freien Willens

Zur grundsätzlichen Orientierung möchte ich klarstellen, dass wir uns mit diesem Thema in den Bereich der Alltagspsychologie begeben. Ich will das Gefühl von einem freien Willen nicht einfach als selbstverständliche Prämisse hinnehmen, so wie etwa R. Merkel die „universale Freiheitserfahrung" des Menschen als „normative Grundlage" des Strafrechts schlicht voraussetzt. Selbst der Gehirnforscher B. Libet, über dessen Experimente wir im nächsten Kapitel noch viel erfahren werden, meint, die „nahezu universale Erfahrung, dass wir aus freier Entscheidung handeln können, sei eine Art von Primafacie-Beleg" für den autonomen Willen (B. Libet 2004).

Ich glaube nicht an eine „universale" Erfahrung, sondern sehe ganz reale psychologische Erklärungen für das Gefühl, frei wollen zu können. Natürlich hat jeder dieses Gefühl ganz subjektiv, intim in seinem emotionalen Bereich, in dem er auch die Zahnschmerzen verspürt (mit denen sie M. Spitzer vergleicht; Abschnitt 1.6). Ich möchte aber eine klare begriffliche Unterscheidung anmahnen: In philosophischen Denkstrukturen kann man den subjektiven Empfindungsbereich auf eine metaphysische Ebene heben, in der auch eine vollkommene Freiheit gedacht werden kann (mit allen Konsequenzen des „unbewegten Bewegers", die wir in Abschnitt 1.7 diskutiert haben). Diese abgegrenzte metaphysische Ebene ist hier nicht gemeint.

In dem vorliegenden Kapitel spreche ich vielmehr über ein Gefühl von der freien Willensentscheidung, das ein ganz reales Phänomen ist wie alle Gefühle, die ein ganz reales Gehirn generiert (wie auch Gehirne höherer Tiere Gefühle bilden) und mit denen es ganz reale Einflüsse und eventuell sogar Handlungen bewirkt. Wir sind auf der Ebene der Naturwissenschaften.

Wir wollen überlegen, warum „man" gewöhnlich eine bejahende Einstellung zur Freiheit des eigenen Wollens hat. Das ist die alltagspsychologische Sicht, die schon die alten griechischen Philosophen hatten und aus der heraus auch Descartes, Kant, Nietzsche und die Mehrzahl der heutigen Anhänger der Vorstellungen von einem freien Willen diskutieren.

5.1 Angeborene Bedürfnisse sind der Antrieb unserer Wünsche

In Kapitel 3 haben wir erfahren, dass die moderne akademische Motivationspsychologie dem „Willen" nur einen Teilbereich im Prozess der Handlungsvorbereitung zuteilt. Sie erinnern sich an Abbildung 3.1: Nach der Auswahl aus mehreren Handlungsalternativen und nachdem konkrete Einzelheiten der Planung durchdacht sind, entsteht dieser endgültige Wille. Im Alltag wird nicht so scharf analysiert. Der Laie bezeichnet umgangssprachlich mit „wollen" Verschiedenes: Zum einen will er ziemlich vage etwas, was er (Futur) vorhat. Dazu könnte er auch „Ich werde ..." sagen. Dann kann er einen dezidierten Willen meinen, mit dem er den Plänen eines anderen entgegentreten will, und schließlich versteht er unter Willensstärke seine Durchsetzungsfähigkeit gegenüber Widerständen, weil er seinen Vorteil wahrnehmen möchte. Um Missverständnisse zu vermeiden, werde ich das ganze Phänomen in diesem Kapitel als Wollen bezeichnen.

Dieses Wollen wird dem *rationalen* Bereich als treibende Kraft zugeordnet (man weiß doch, was man will), es hat aber

5 Begründungen für das Gefühl eines freien Willens

seine Wurzeln klar im unbewussten *emotionalen* System. Zwei dieser Wurzeln enthalten interessante erklärende Hinweise zum Thema des Kapitels: „Warum hat denn nun jeder Mensch das Empfinden, einen *freien* Willen zu haben? Warum unterstellt er gerade bei anderen so oft, dass sie auch hätten anders handeln können, wenn sie nur gewollt hätten?"

Als eine der Wurzeln können wir jene angeborenen Bedürfnisse ausmachen, über die wir schon in Abschnitt 4.4 als motivierende Antriebe aus den Tiefen des Unbewussten (aus dem Zwischenhirn) gesprochen haben. Diese Motivationen formen ganz wesentlich die „Wünsche", die in uns aufsteigen, natürlich als etwas Eigenes empfunden werden und unser Streben beeinflussen. Nehmen wir beispielhaft den Wunsch, doch noch schnell den Freund zu besuchen, obgleich es schon spät am Abend ist. Es ist das (angeborene) Bedürfnis nach menschlicher Nähe, das hier gerade aktiver ist als die anderen Bedürfnisse. Wir haben den Eindruck, dass wir selbst hier etwas wollen, ganz spontan. Wir realisieren ja nicht ständig, dass eine unbewusste *Triebstruktur* in unserem Zwischenhirn gerade eine Ursache für unser Handeln erzeugt hat. Wir wollten den Besuch einfach so, ohne besonderen Grund, vielleicht sogar gegen den guten Rat anderer. Wen wundert es, dass wir meinen, hier ganz frei entschieden zu haben? In Abschnitt 3.5 habe ich bereits diskutiert, dass der Wille selbst auch aus einem derartigen angeborenen Bedürfnis entspringen dürfte.

Analoge endogene, also im Gehirn entstandene Motivationen könnten Handlungen auslösen mit dem Streben nach Ansehen oder nach Anerkennung (zum Beispiel der ehrgeizige Lokalpolitiker in einer profilträchtigen Diskussion), oder mit dem Antrieb zur Mitbestimmung (selbst auch zum Thema betragen zu wollen) oder mit dem nach Dominanz. Immer haben wir den Eindruck, dies selbst so gewollt zu haben, spontan, aus eigenem Antrieb, also frei. Das Wissen (oder Fühlen) von eigenen „Präferenzen" (man kann sie auch als angeborene

Bedürfnisse bezeichnen, und bei analogen Motivationen des Tiers spricht man von Trieben) verursacht ein Gefühl der Eigenständigkeit der Entscheidung. „Es ist sonst keiner da, der diese Entscheidung trifft." Auch T. Goschke fand, dass das „Bewusstsein einer starken Eigenflexibilität zusammen mit der Unabhängigkeit von der aktuellen Reizsituation" ein Grund sei für den Eindruck, in Freiheit zu handeln.

5.2 Das Selbstwertgefühl fördert den Eindruck von Urheberschaft

Eine zweite Wurzel des Phänomens des Wollens ist unser *Selbstwertgefühl*. Dieses Gefühl bezieht sich immer auf spezielles Wissen oder Können. Es lebt von Erfolgserlebnissen und bewirkt eine ganz wesentliche Motivation zu weiterer Aktivität. Das gilt besonders häufig für berufliche Erfolge im Rahmen der eigenen Spezialisierung und etwa auch für diesbezügliches Lob vom Chef. Die Bedeutung dieses Gefühls wird oft gerade dann offenbar, wenn es einem vorenthalten wird. Wenn das Selbstwertgefühl schrumpft, weil sich Misserfolge häufen oder Missgunst und böse Nachreden unseren Ruf zerstört haben, erlahmt das Wollen zur Aktivität. Hoffnungslosigkeit oder gar Depression können die Psyche beherrschen. Der Glaube an die „Selbstwirksamkeit" ist also wichtig (P. G. Zimbardo).

Der Mensch erlebt sich als aktives, handelndes Wesen. Er möchte sein Schicksal bestimmen können, selbst und mit Erfolg. Den Erfolg wertet er als persönliches Verdienst. Wird dieses Wollen durch äußere Kräfte, die er nicht beeinflussen kann, massiv behindert, stellt sich schließlich Antriebslosigkeit ein. Jeder kennt einerseits das triumphierende Selbstwertgefühl und hat andererseits schon die Niedergeschlagenheit bei seinem Verlust erlebt. Beides sind eindeutig Emotionen. Wir können also festhalten, dass das Wollen, wenn es denn nicht überhaupt ein Gefühl sein sollte, jedenfalls eine starke Wurzel im emotionalen

System hat. Von außen kann man diese Motivierung lähmen, zum Beispiel bei dem obigen Lokalpolitiker mit einer Anspielung auf seine dunkle Vergangenheit.[1] Aber das Wollen scheint aus der Tiefe des eigenen Unbewussten zu kommen.

Eine wichtige Facette des Erfolgserlebnisses ist entsprechend das Sich-bewusst-Sein, dass man gewisse Effekte selbst gewollt und initiiert hat. Der Erfolg als persönliches Verdienst ist ein extrem wichtiger Antrieb zu weiterer Aktivität, wie gesagt eine Wurzel des persönlichen Wollens. Ich erwähnte den Stolz, der sich einstellte, als der Sonntagsausflug mit den Freunden so schön verlief. Wir erkennen (wenn wir hier einmal final denken), dass offenbar das Gefühl eines freien Willens eine wichtige psychologische Funktion hat, indem es Erfolgserlebnisse ermöglicht oder verstärkt und damit für eine Intensivierung des Selbstwertgefühls sorgt. Es wäre aus diesem Grunde nicht vorteilhaft, im Alltag die Vorstellung von einem persönlichen freien Willen zu bekämpfen.

5.3 Das Wollen als emotionaler Marker

Betrachtet man diese emotionalen Wurzeln, also Selbstwertgefühl und ein Bündel von gerichteten Motivationen, könnte man das Wollen überhaupt insgesamt als einen mächtigen emotionalen Marker auffassen. Dieser „Aktiv-Marker" kennzeichnet das rationale Projekt, das dem zum Handeln bereiten Individuum besonders wichtig ist. Das Projekt wird nicht nur mit einer existentiellen Wertmarke, sondern zusätzlich mit einer Art Treibsatz (resultierend aus einem Trieb) versehen. Ich meine, die exzeptionelle Wertigkeit des Wollens wird offenbar, wenn man dieses Wollen aufteilt in das eigentliche (*rationale*) Vorhaben

---

[1] Das ist nicht nur allzu menschlich, sondern auch bei Versuchstieren nachzuweisen: Wenn Ratten erkennen, dass sie keine Kontrolle mehr über widrige Umstände haben, also zum Beispiel schmerzhafte Stromschläge nicht mehr – wie vorher antrainiert – durch einen Hebeldruck abstellen können, fallen sie in einen Zustand völliger Apathie, die man als „erlernte Hilflosigkeit" bezeichnet.

als das Resultat eines Entscheidungsprozesses einerseits und den das persönliche Engagement ausdrückenden Marker aus dem *emotionalen* System des Wollenden andererseits. Aus dem emotionalen Nachdruck kann man aber – im Sinne des Themas dieses Kapitels – auch schlussfolgern, dass man dieses Wollen als unabhängig und persönlich in uns entstanden, also als autonomen freien Willen, empfindet. Der Lokalpolitiker plädiert in der Sache für einen neuen Kindergarten. Weil er selbst keine Kinder und somit kein Eigeninteresse hat, sich aber engagiert, empfindet er das als seine freie Entscheidung. Dass ihn sein Ehrgeiz treibt, ist ihm nicht bewusst (verdrängt er gerne).

5.4 Rationale Begründung: Verdrängung und Umwidmung

Aber auch der rationale Bereich kann zum Gefühl eines freien Willens beitragen. Die Gedanken scheinen völlig frei zu strömen (auch wenn sie sicher durch irgendeine Assoziation verursacht und durch andere Gedanken beeinflusst sind), und es sind überwiegend meine Gedanken, mit denen ich zum Beispiel eine Handlung plane. Ich plane sie selbst wegen meiner Ziele. Wenn niemand in mein „freies" Gedankenspiel eingreift und ich mit meinem Plan zu meinem Ziel komme, könnte durchaus der Eindruck entstehen, dass ich einen freien Willen verwirklicht habe. Bei genauerem Nachdenken bemerkt man die Verwechselung: Obgleich mich niemand an meinem Denken und Tun gehindert hat, obgleich ich also äußerlich frei war, entstand mein Wille nicht ohne Ursache. Wir hatten uns schon klargemacht, dass man häufig in die Zukunft denkt.

Wir hatten oben auch schon den Vergleich des „Vorstellungsraumes" mit dem Bildschirm als Oberfläche eines PC gewagt. Unser Bewusstsein ist dann eine Art „Oberfläche" für das Geschehen im Gehirn. Beim PC benutzen wir gleich zwei Vereinfachungen: Zum einen sehen wir auf dem Bildschirm

5 Begründungen für das Gefühl eines freien Willens

Buchstaben, Zahlen, Grafiken usw., die genau genommen nur verständliche Symbole für die Bits und Bytes sind, mit denen der Prozessor oder Speicher des PC tatsächlich arbeitet. Und zum anderen sehen wir nur Endresultate von vielen einzelnen Verarbeitungsschritten, die dem für uns projizierten Ergebnis vorausgegangen sind.

In vergleichbarer Weise berücksichtigen wir auch in unserem „Vorstellungsraum" nicht die komplizierten Ursachenkombinationen, die zu unserem Wollen geführt haben, wenn wir uns mit diesem Wollen geistig beschäftigen, und schon gar nicht die vielen Ursachen der Ursachen, die davor auch ihre Rolle gespielt haben.[2] Die wahren Ursachen entschwinden leicht aus dem Blickfeld, werden bei der Beurteilung des Wollens nicht mehr wahrgenommen, umso mehr, als das Wollen ja in die Zukunft gerichtet ist. Die Ursachen, die in der Vergangenheit gewirkt haben, werden vernachlässigt. Das Wollen scheint frei von Ursachen zu sein.[3] Überhaupt interessieren uns, wenn wir gerade etwas wollen, allein die möglichen Folgen. Wollen ist auf die Zukunft gerichtet.

Man kann Ursachen als Ziele deklarieren: Ein ehrgeiziger leitender Angestellter will vordergründig seinem Chef ja nur beweisen, wie gut er ist. Das ist schon immer sein Wollen, scheinbar ohne spezielle Ursache. Aber wenn wir nachfragen, möchte er ein Haus kaufen und strebt daher ein höheres Einkommen an, zumal sich seine Ehefrau ein schnittiges

---

[2] Man sollte sich aber auch klarmachen, dass im Vorstellungsraum des Bewusstseins immer nur Momentaufnahmen des Verarbeitungsprozesses erlebt werden. Sobald neue Argumente mitbedacht, andere Informationen und Wertungen noch in den Entscheidungsprozess einbezogen werden sollen, muss im Hintergrund, also unbewusst, ein erheblicher Verarbeitungsprozess ablaufen. Wenn dann das Ergebnis der neuerlichen Verrechnung im Bewusstsein projiziert wird, kann der Eindruck einer gewissen Sprunghaftigkeit entstehen. Es mag sein, dass diese selektive Präsentationsmethodik die Vorstellung einer freien Willensentscheidung befördert.
[3] Freiheit habe mit Nichtwissen zu tun, hat schon Spinoza gesagt (zitiert nach B. Kanitscheider). Wenn man also alle Faktoren kennen und berücksichtigen könnte und würde, gäbe es keine Freiheit mehr. Aber hier können wir erst einmal sagen: Wenn man die vielen Ursachen im Alltag nicht berücksichtigt, darf man sich frei fühlen.

Zweitauto wünscht, und schließlich hat er ja schon lange seine Karriere auf eine höhere Position ausgerichtet, und da er umweltbewusst ist und schon Eisbären in der Arktis beobachtet hat, möchte er natürlich den neuen Job mit der ökologischen Zielsetzung ...

Seit einem Managementtraining interpretiert der Angestellte diese Ursachen seines Wollens als Ziele, nach denen er strebt. Die auslösenden Ursachen am Beginn seines Wollens verdrängt er. Als Motor begreift er sein persönliches Streben hin zu diesen Zielen. Und da er so nicht von Ursachen getrieben zu sein scheint, fühlt er sich frei.[4] Das Empfinden der Freiheit des eigenen Wollens und Entscheidens scheint also wesentlich darauf zu beruhen, dass wir die mögliche Existenz von Ursachen gar nicht näher in Erwägung ziehen. Allerdings stellen wir wieder fest, dass die persönliche Freiheit von äußerer Bedrängung mit dem Fehlen von Ursachen verwechselt wird.

Der Eindruck einer freien Entscheidung und eines daraus resultierenden freien Willens mag auch auf einer mangelnden begrifflichen Differenzierung zwischen dem eindimensionalen Vorgang des schlichten Auswählens einer Alternative unter wenigen anderen einerseits und dem Abwägen zwischen mehrschichtigen Argumenten andererseits beruhen. Wer eine Entscheidung aus einer Reihe leicht überschaubarer Alternativen zu fällen hat, wer sich also zum Beispiel ein Paar Schuhe aus drei Paaren unterschiedlicher Form und Farbe aussucht, wird (auch sich selbst gegenüber) einen Grund angeben können, wird darauf bestehen, dass er sich von bestimmten Ursachen leiten ließ. Beim Abwägen zwischen Argumenten in einer anspruchsvollen Diskussion werden die tieferen Dimensionen einbezogen, verteidigt man die „eigene Meinung". Wer sich dabei auf die

---

[4] Das ist ein bewährter psychologischer Trick der Managementtrainer: Der Kursteilnehmer soll sich nicht mehr von den Stressoren gedrängt oder genötigt fühlen, sondern er soll den Erfolg *wollen*. Nachweislich *hat* er auch mehr Erfolg, wenn er die Aufgabe zu *seiner* Aufgabe macht (sogenannte intrinsische Motivation). Aber damit sind wir dann wieder beim Thema „angeborene Bedürfnisse" und damit im emotionalen System.

inhaltliche Qualität seiner Argumente konzentriert, die gut oder schlecht sein können, oder auf zukünftige mögliche Chancen und Risiken, die riskant oder erfolgversprechend sind, der ist abgelenkt und kann infolgedessen deren Verursachung aus den Augen verlieren und eine freie Wahl unterstellen.

Ganz generell, also unabhängig von Einzelentscheidungen, hat der Mensch, worauf T. Goschke verweist, das Empfinden einer großen *Flexibilität* in seinem Verhalten. Er glaubt, in der Regel die freie Wahl zwischen Alternativen gehabt zu haben. Auch eine derartige *Erinnerung* erzeugt, obgleich das genau genommen nicht korrekt ist, den subjektiven Eindruck, frei handeln zu können.

Ein Freiheitsgefühl kann ferner aus gewissen unkontrollierten Denkprozessen entstehen. Neben dem logischen Denken und dem exakten Planen, das auf soliden kausalen Abhängigkeiten aufbaut, kennt jeder Mensch Denkformen, in denen diese kontrollierten Strukturen verlassen werden. Dies beginnt mit fantasievollen „künstlerischen Freiheiten" und gelockerten Gedankenabfolgen (die Gedanken abschweifen oder „Karussell fahren" zu lassen) und endet bei mehr oder weniger absichtlichen und irrealen Tagträumen und dem Bauen von Luftschlössern. Freies Denken gibt es aus dieser Perspektive also durchaus. Allerdings steht am Anfang wohl immer ein (vielleicht versteckter) Grund, mit dergleichen Gedanken überhaupt zu beginnen.

Die Gedanken sind frei, auch in der Hinsicht, dass der Gesprächspartner nicht wissen kann, was ich denke. Äußerlich, physisch kann er mich zwingen, etwas Bestimmtes zu tun, oder er kann meine Handlungsfreiheit einschränken. Aber ich kann mir meinen Teil dazu denken, kann Gegenstrategien entwickeln, nach Freiheit streben. Ich versuche damit, der eingeschränkten äußerlichen (politisch definierten) Freiheit eine innere Freiheit entgegenzusetzen. Auch das erzeugt ein Gefühl eines freien Willens, obgleich der dann natürlich handfeste Ursachen hat.

Wir sollten jetzt alle Argumente, die ich in diesem Kapitel angeführt habe, um zu zeigen, dass man das Gefühl eines *freien* Willens durchaus entwickeln könnte, noch einmal Revue passieren lassen. Wir sollten uns dabei aber auf den Wissensstand von Kapitel 4 stellen, sollten uns also klarmachen, dass wir einen *eigenen* Willen haben, wie er dort entwickelt wurde, der also auf der geschickten Verwertung von Ursachen beruht.

Dann wissen wir mit dem *eigenen* Willen, dass angeborene Bedürfnisse die *Ursache* unserer Wünsche sind und dass wir *ihretwegen* das Gefühl haben, aus uns selbst heraus motiviert zu sein, also zu *wollen*, zum Beispiel menschliche Nähe, Mitsprache, Dominanz. Wir kennen unser Selbstwertgefühl, unseren Stolz als *Ursache* unseres sicheren Auftretens und unseres Strebens nach Erfolg. Wir nutzen bewusst unser Denkvermögen, um Pläne zu schmieden, die dann *Ursache* unseres Wollens und Handelns sein können. Wir wissen, dass unsere Zielvorstellungen *Ursachen* haben, die uns vorantreiben. Und wenn wir sagen: „Der Elektromonteur hätte es anders machen sollen", dann meinen wir damit, dass er für den *ursächlichen Plan* bessere Argumente hätte wählen können.

Ein eigener, *ursachenbezogener Wille* würde also sehr gut unserem gewohnten Alltagsdenken entsprechen, weil wir gewohnt sind, auf „Ursachen" zu achten, zumal wir ein Kausalitäts*bedürfnis* haben.

5.5 Die Gesellschaft fördert einen Irrtum

Auch die Gesellschaft fördert übrigens den Eindruck, dass jeder einen freien Willen habe. Grundsätzlich erwartet sie ja von jedem Mitglied, dass es positiv auf die gegebenen Gesetze reagiert. Man soll sie befolgen, soll ehrlich und fair sein, soll die Rechte der anderen Mitglieder achten, soll sich hilfsbereit und loyal ver-

5 Begründungen für das Gefühl eines freien Willens

halten. Jeder soll einen sozialverträglichen Lebenswandel von sich aus wollen. Der freie Wille ist somit in gewissem Ausmaß ein sozialpolitisches Konstrukt, auch wenn das so nicht ausdrücklich angestrebt wird und sich die wissenschaftliche These vom automatischen integrierenden Lernen ethischer Einstellungen noch nicht genügend herumgesprochen hat.

Ein entsprechender sozialer Lernprozess wird schon in allerfrühester Kindheit angestoßen: „Tue das, unterlasse jenes" – das ist nicht nur ein Lehren sozialer Regeln, hier wird dem Kind auch die *Gewissheit suggeriert*, dass es den freien Willen hat, sich so oder so zu verhalten. W. Singer weist darauf hin, dass dies schon *vor* der Reifung des deklarativen Gedächtnisses geschieht. Das hat zur Folge, dass die Ursache dieses Lernprozesses (also zum Beispiel die mahnenden Eltern) später nicht erinnert werden kann. Das Kind meint später, *aus sich heraus* zu wollen.

Es ist immer wieder darauf hingewiesen worden, dass die Gesellschaft ein Interesse an der Fiktion eines freien Willens haben muss (F. M. Wuketits). Denn wer glaubt, wirklich frei entscheiden zu können, der sieht auch ein, dass er Schuld auf sich lädt, sobald er Straftaten begeht. Und wer schuldig geworden ist, muss zur Rechenschaft gezogen und bestraft werden, am besten schon in dieser Welt. Über die Konsequenzen für die Jurisprudenz werde ich im letzten Kapitel sprechen.

Hier können wir festhalten, dass die Gesellschaft tatsächlich die Vorstellung fördert, dass jeder Mensch einen freien Willen hat. Wenn das dann oft genug vorgegeben und akzeptiert wird, entsteht eine entsprechende persönliche Überzeugung. Das Gehirn bildet sie automatisch durch integrierendes Lernen, wie wir schon gehört haben. Praktisch jeder Mitbürger wird uns diese Überzeugung von der Existenz des persönlichen freien Willens spontan bestätigen. Und wir können uns noch einmal daran erinnern, dass sich daraus auch für unser Selbstwertgefühl ein wichtiger Vorteil ergibt und dass man schließlich ohnehin dieses Gefühl bekommt, wenn man nicht ständig an die Ursachen einer Handlung, sondern eher an deren Wirkung denkt. Das Gefühl stellt sich aber insbesondere ein, weil man jedem gewollten Plan einen kräftigen emotionalen Marker zuordnet: „Es ist mir besonders wichtig, ich will es." Aber wir überlegen jetzt, dass das mit einem eigenen Willen in gleicher Weise funktionieren würde.

Wenn wir das Gesagte noch einmal kurz überdenken wollen, können wir festhalten:

- Das Gefühl, einen freien Willen zu haben, rührt ganz wesentlich daher, dass angeborene Bedürfnisse (etwa das zur Mitbestimmung) als Motor für viele eigene Aktivitäten „direkt" aus dem Inneren emporzusteigen scheinen und jedenfalls keine äußere Ursache haben.
- Erfolgserlebnisse steigern das Selbstwertgefühl. Dieses suggeriert nicht nur, dass man eine Leistung verdient erzielt hat, sondern häufig auch, dass das Verdienst auf die persönliche Aktivität und damit auf ein persönliches Wollen zurückzuführen ist.
- Wollen richtet sich vorrangig auf die Zukunft. Zugrunde liegende Ursachen werden leicht verdrängt. Das Wollen wird dann als ursprünglich frei erlebt.
- Ursachen, die zum Handeln drängen, vielleicht sogar Stress erzeugen, können bewusst zu Zielen, die man persönlich will, uminterpretiert werden. Damit scheint die intrinsische (innere) Motivation durch Bedürfnisse die ursprüngliche offensichtliche Ursache zu ersetzen. Diese wiederum wird dann nicht als Ursache, sondern als freies persönliches Wollen empfunden.
- Das Denken ist insofern „frei", als es oft nicht durch äußere Einflüsse bestimmt wird und man andererseits den ursprünglichen Anstoß für die Gedankenkette nicht extra registriert. Sofern Denken die Ursache eines Wollens ist,

5 Begründungen für das Gefühl eines freien Willens

kann dann auch das Wollen als frei entstanden imponieren.
- Die Gesellschaft fördert die Überzeugung von der Existenz eines freien Willens, weil auf ihm das herkömmliche Konzept vom Bemühen um ethisches Handeln und das von Schuld und Strafe beruht.
- Alle diese Phänomene könnten aber auch unter der Vorstellung eines kausalitätsbezogenen eigenen Willens beobachtet werden. Da er auf psychologischem Vorwissen aufbaut, wird es lange Zeit benötigen, bis er im Alltag etabliert ist.

Ich will nun an dieses Gefühl von einem freien oder eigenen Willen anknüpfen und versuchen, eine argumentative Brücke zu bauen zu den Experimenten von B. Libet et al., die in den vergangenen zwei Jahrzehnten immer wieder für engagierte Diskussionen gesorgt haben. Wir kommen damit zu modernen Vorstellungen von den Gefühlen und zu interessanten Überlegungen über das Bewusstsein.

6

Das informierte Bewusstsein und der eigene Wille

6.1 Die Versuche von Libet

Im Jahre 1985 haben Libet und seine Mitarbeiter experimentelle Untersuchungen zur Rolle des *Bewusstseins* bei gewollten Handlungen veröffentlicht. In diesen Experimenten mussten Versuchspersonen sich entscheiden, eine von zwei Tasten zu drücken, wenn auf einem Bildschirm bestimmte Signale erschienen. Zudem sollten sie angeben, wann genau sie die Willensentscheidung zum Tastendruck trafen. Auf Hirnstromkurven (Elektroenzephalogramm, EEG), die während der Experimente aufgezeichnet wurden, konnte man gewisse spezielle Gehirnaktivitäten (Bereitschaftspotentiale) über den Bereichen der Hirnrinde registrieren, die offensichtlich mit der Auslösung der Aktivität in Zusammenhang stehen. Erstaunlich war, dass die spezifischen Hirnsignale schon etwa 200 bis 350 Tausendstel Sekunden *früher* auftraten, als die Versuchsperson ihren Entschluss zum Tastendruck fasste beziehungsweise zu fassen meinte.

Die Versuchsergebnisse erregten weltweit gewaltiges Aufsehen und werden seither in fast jeder Arbeit über das Bewusstsein und auch über den freien Willen kommentiert. Sie waren, zugegeben, nicht überwältigend eindeutig, sondern hatten eine große Schwankungsbreite und bedurften einer statistischen Aufbereitung, und der willentliche „Entschluss" war ja vorher mit dem Versuchsleiter abgesprochen, die Einzelheiten der Handlung waren schon festgelegt und geübt worden. Dennoch war die Aufregung groß: Das Gehirn hatte eine Reaktion gezeigt (und wohl ausgelöst), bevor der wache Geist den Entschluss dazu gefasst hatte. Man musste offenbar folgern, dass der Wille der Versuchsperson ein „Epiphänomen" (Folgeerscheinung) einer unbewussten Gehirnfunktion ist, die schon vorher ganz selbstständig, jedenfalls ohne *bewussten Befehl* abläuft. Der Determinismus schien nun offensichtlich: Die Ursachen werden unbewusst verrechnet, und ich erfahre das erst nachträglich.[1] Die Versuche sind nachkontrolliert worden, meistens mit gewissen methodischen Verbesserungen, mit anderen Bewegungen und anderen Messpunkten über dem Gehirn. Um das Ergebnis kommt man vorläufig nicht mehr herum, auf überzeugendere Versuchsanordnungen darf aber noch gewartet werden.[2]

Unter den zahlreichen Deutungen der Ergebnisse scheint mir diejenige von T. Goschke (2006) besonders fachkundig. Ihr zufolge ist die eigentliche kausalrelevante Absicht längst vor den Messungen bei der Versuchsinstruktion durch den Versuchsleiter abgelaufen. Die Disposition zur Fingerbeugung ist in Bereitschaft gehalten worden, bis die Handlung dann (endlich) durch den Reiz ausgelöst wurde. Registriert hat man also nicht die primäre Willensbildung, sondern die unbewusste schnelle zielbezogene Aktivierung der schon prinzipiell geplanten Aktion.

---

[1] Inzwischen hat Libet (1999, 2007) einen kompatibilistischen Vergleichsvorschlag gemacht: In der sogenannten „Vetozeit" zwischen dem Bewusstwerden der Handlungsentscheidung und dem Beginn der tatsächlichen Aktion (ungefähr 100 msec) könne ja ein freier Wille die Aktion unterbrechen. Somit könne man Willensfreiheit ausüben. Diese Nutzung der „Vetozeit" wird von anderen bezweifelt (G. Strawson). Eine übliche bewusste Reaktion benötigt gut 500 msec.

[2] Untersuchungen besonders mit Magnetoenzephalografie legen nahe, dass das Bewusstsein ähnlich funktioniert wie künstliche rekurrente neuronale Netze, die für Optimierungen in der Computertechnik verwendet werden. Die rückkoppelnden Verbindungen dieser Netze, die zur Fokussierung beitragen, benötigen ziemlich viel Zeit und könnten auch zu derartigen Verzögerungen bei der Reaktion in den untersuchten Hirnzentren beitragen.

6 Das informierte Bewusstsein und der eigene Wille

Diese Deutung könnte man in meine Abbildung 3.1 zur Willensbildung integrieren: Phase 1 der Willensbildung war vollständig und Phase 2 weitgehend abgelaufen, als das Zeichen am Bildschirm erschien und die Realisierung der schon vorhandenen Entscheidung umsetzte. Nur der „Wille" trat vermutlich noch in Aktion.

Vielleicht kann eine eigene Beobachtung in ähnlicher Weise gedeutet werden: Ich schreibe diese Zeilen mit zehn Fingern ziemlich schnell „blind" und betrachte das Ergebnis gleichzeitig auf dem Bildschirm. Da habe ich bei einfachen Worten gelegentlich den Eindruck, dass die Buchstaben und kurzen Worte schneller auf dem Bildschirm erscheinen, als ich sie bewusst schreiben wollte. Bewusst gebe ich die Satzteile vor. Bevor ich die Schreibweise eines Wortes befehlen kann, steht es schon da. Das Tippen der erforderlichen Buchstaben erledigen offensichtlich Hirnzentren, die auch unbewusst arbeiten können. Mein Gehirn würde sich dabei „automatisch" nicht nur für eine von lächerlichen zwei Tasten entscheiden (wie bei Libet), sondern von 30, und es aktiviert im Falle von Großbuchstaben sogar zwei Finger gleichzeitig. Es sind eingeübte Bewegungsabläufe, die nur noch eines auslösenden Reizes (hier: Gedanken) bedürfen, nicht aber einer bewussten Entscheidung.

In diesem Zusammenhang ist auch eine andere Beobachtung aus der Alltagspsychologie interessant. Nach diesen Untersuchungen berechnet das Gehirn ständig und unbewusst *Prognosen* des vermutlichen Geschehens der nächsten Sekunden(-bruchteile), damit der Körper rechtzeitig reagieren kann. Beim Tennisspielen zum Beispiel erkennt man aus der Bewegung des Gegners, welche Bahn der Ball vermutlich nehmen wird. Jedenfalls beim Aufschlag des Gegners reagieren die eigenen Muskeln schneller, als wir bewusst denken können (M. Spitzer). Auch beim Fußballspiel kommt ein Elfmeter schneller, als der Torwart denken kann. Das muss er spätestens getan haben, wenn der Gegner anläuft. Auch hier ist also die Entscheidung zur Handlung schon vorbereitend gefallen. Die Auslösung der Aktion kann dann reflexartig erfolgen. Die Reaktion wird dem Torwart vermutlich auch erst bewusst, wenn sein Gehirn den richtigen Muskeln schon den Aktionsbefehl gegeben hat.

Ich werde die Schlussfolgerung, dass das Gehirn schon gearbeitet *hat*, wenn man einen Auftrag dazu erst bewusst willentlich zu denken *meint*, zunächst einmal als gegeben hinnehmen und in Verbindung bringen mit der oben schon diskutierten Erfahrung, dass man ein *Gefühl* vom freien Willen hat. Ich werde Ihnen einen Weg anbieten, auf dem man diesen ungewohnten Befund in schon Bekanntes integrieren kann. Wir wollen zu diesem Zweck einen Abstecher machen und uns vor Augen führen, welche Vorstellungen man heute von *Emotionen* hat.

6.2 Das emotionale System hat physiologische und psychische Wirkungen

Angst dürfte die wichtigste und entwicklungsgeschichtlich auch die älteste Emotion sein. Denn es ist wichtig für das Überleben, dass man Gefahren erkennt und meidet (LeDoux). Aber das, was wir als Gefühl *empfinden*, ist nur eine weniger bedeutsame, zusätzliche Nebenwirkung der zweckgerichteten Aktivität unseres *emotionalen Systems*.[3] Man muss die Funktion dieses Systems in Anlehnung an A. Damasio als eine genormte *Alarm- und Abwehrreaktion* bei Akutfällen

---

[3] Man geht davon aus, dass es etwa sechs „primäre", das heißt angeborene, Emotionen gibt, die in Abbildung 6.1 aufgezählt sind. Ihnen ist jeweils eine spezifische, ebenfalls angeborene Mimik zugeordnet. Dagegen ist die Palette der „sekundären" Emotionen praktisch unbegrenzt durch individuelle Zwischentöne, die durch Erfahrung, Tradition, Mode beziehungsweise Zeitgeist und viele andere innere und äußere Einflüsse spezifiziert werden.

6 Das informierte Bewusstsein und der eigene Wille

sehen. Sie verläuft in großen Zügen immer nach dem gleichen Schema: Die Sinnesorgane (Auge, Ohr usw.) melden beispielsweise eine irgendwie als bedrohlich einzustufende Situation zuerst an eine Thalamus genannte Kernzone, von der aus einerseits eine Schnellanalyse eingeleitet wird (wie groß ist die Gefahr, aus welcher Richtung usw.), von der aus andererseits aber auch die Amygdala als emotionale Kernzone alarmiert werden. Durch dieses „emotionale" Zentrum werden sofort Abwehrmaßnahmen im ganzen Körper organisiert (Abbildung 6.1). So wird der Kreislauf auf hohe Belastung umgestellt, indem die Herzleistung gesteigert und die Blutverteilung von Haut und Eingeweiden auf die Durchblutung jener Muskeln umgestellt wird, die man eventuell für eine eilige Flucht benötigt. Die Spannung wichtiger Muskelgruppen wird schon mal erhöht, Stoffwechselreaktionen werden vorbereitet (L. LeDoux).

All diese *Alarmreaktionen* aus dem Emotionszentrum[4] laufen auch bei niederen Tieren ab, die dabei vielleicht keine besonderen „Gefühle" verspüren. Aber immer bekommt das Gehirn schon nach Bruchteilen von Sekunden *Rückmeldungen* aus dem ganzen Körper darüber, dass die Befehle der emotionalen Zentren in der Peripherie wie gewünscht zu greifen beginnen (Erhöhung von Puls und Blutdruck und Ähnliches). Und das spüren Mensch und Tier. Das „Klopfen" der großen Halsschlagadern und das Herzklopfen, das man bei plötzlicher Angst verspürt, sind Folgen der Blutdruckerhöhung und charakteristisch für große Angst.

Auch bei Tieren mit größeren, komplizierten Gehirnen gehen von den Zentren des emotionalen Sys-

---

[4] Das aus dem Lateinischen stammende Wort „Emotion" kann man unterschiedlich deuten. Für die hier vorgestellte Verwendung erklärt man es zusammengesetzt aus dem lateinischen *e* („aus einem bestimmten Grund") und *movere* („etwas bewegen", „in Gang setzen"), also zum Beispiel „aus Angst die Fluchtreaktion vorbereiten" oder „aus Wut die Aggression einleiten". Das emotionale System des Gehirns reagiert auf die Meldungen der Sinnesorgane vorrangig, indem es die Körperorgane zweckmäßig vorbereitet, einstimmt.

Das ethische Gehrin

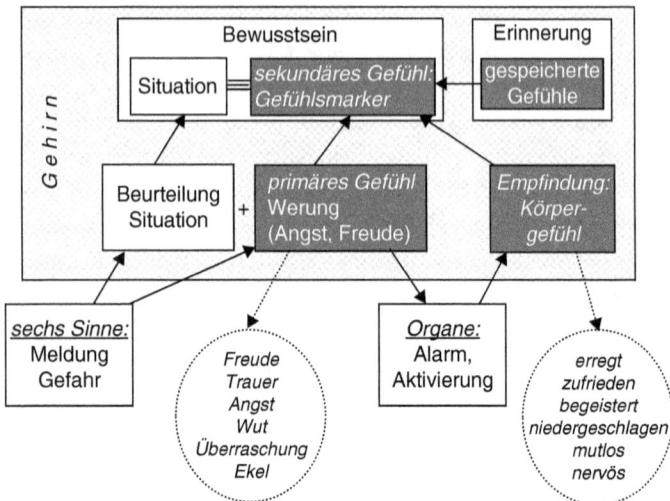

Abb. 6.1 Bildung komplexer Gefühle.
Ein Sinnesreiz (linke untere Ecke) zum Beispiel aus dem Auge führt (nach einer hier nicht dargestellten Umschaltung im Thalamus) im Gehirn einerseits zu einer ersten Beurteilung der gesehenen Situation und andererseits zur Auslösung einer *primären* Alarmreaktion durch die Mandelkerne. Letztere veranlassen in wenigen Hundertstel einer Sekunde eine Aktivierung von Organbereichen im Körper, die für eine eventuelle Flucht notwendig sind (Kreislauf, Herzschlag, Blutdruck, Muskeltonus: Rechteck rechts unten). Die so ausgelösten „peripheren" Organantworten werden, sobald sie wirksam werden, sofort zum Gehirn zurückgemeldet und verändern dort das Körpergefühl. Es resultieren entsprechende Empfindungen, die die ursprüngliche Angst modifizieren. Parallel dazu wurden vom Denkapparat aus der Erinnerung frühere, vergleichbare Situationen aufgesucht (rechts oben). Die ihnen anhaftenden Marker mit den damaligen sekundären Gefühlen können, wenn sie vergleichbar waren, der jetzigen Gefühlsszene beigemischt werden. Es entsteht ein neues *sekundäres* Gefühl (nach Damasio). Dieses Emotionsgemisch (oben Mitte), das zur aktuellen Situation gehört, wird als „Marker" mit dieser abgespeichert und kann später zusammen mit eben dieser Situation wieder aus dem Gedächtnis erinnert werden.

tems, also besonders von den Kernen der Amygdala, sofort zahlreiche Signale an die Schaltstellen *des Gehirns selbst*. Dieses muss in seiner Gesamtheit ja auch auf die drohende

6 Das informierte Bewusstsein und der eigene Wille

Gefahr eingestellt sein. Also werden durch eine „primäre" Emotion (zum Beispiel Angst; A. Damasio) die allgemeine „Wachheit" sowie die Konzentration auf die Alarmursache erhöht. Der Organismus bereitet sich vielleicht auf einen Angriff, vielleicht auf die Flucht vor, und auch im Bewusstsein wird die Gefahrensituation präsentiert. Parallel dazu werden schließlich in den Gedächtnisspeichern eventuelle Erinnerungen an ähnliche Situationen aktiviert und „stehen einem plötzlich vor Augen". Das erfordert etwas mehr Zeit, die durch die emotionale Intelligenz und ein entsprechendes Muster (siehe Abbildung 4.5) eingeräumt werden muss. Inzwischen liegen daher bereits die ersten Neuberechnungen des Körpergefühls *nach* Reaktion auf die erste Alarmierung vor, wie wir uns das bereits in Abschnitt 3.1 vorgestellt haben.

Alle drei, nämlich die erste (primäre) Emotion (im Beispiel die Angst) bei Alarmierung, zweitens das Empfinden aus dem aktivierten Körper (zum Beispiel Erregung) und drittens das ängstliche Gefühl aus früheren Gefahren, das die Marker der mobilisierten Erinnerungen beisteuern, werden nun zu einer *aktuellen* Emotion kombiniert, die schließlich auch der Gefühlsrinde des Gehirns (Cingulum) präsentiert und damit vom Individuum gespürt werden kann. Die Gefahr der Situation wird nun, nach reichlich einer halben Sekunde, bewusst. Das begleitende (*sekundäre*) Gefühl kann als neuer Marker mit den übrigen aktuellen Daten als neue Gesamtbeurteilung weiterbearbeitet werden, könnte aber auch für die Erinnerung an diese Situation abgespeichert werden.[5]

---

[5] Sekundäre Gefühle können somit auch aus naturwissenschaftlicher Sicht sehr differenziert sein. Einfache Freude kann zu Entzücken oder Glückseligkeit oder gar zu Nationalstolz werden. Das mag vielleicht jene nachdenklich machen, die bezweifeln, dass die Naturwissenschaft jemals die Emotionalität erklären könnte, die Shakespeare in *Romeo und Julia* beschrieben hat und die der Zuschauer beim Sehen des Stückes empfindet, auch wenn Einzelheiten an dieser Stelle nicht ausgeführt werden können.

6.3 Das Bewusstsein wird zeitnah informiert

Manche Einzelheiten meiner kurzen Darstellung von Hirnaktivitäten des emotionalen Systems würden wahrscheinlich nicht von allen Neurophysiologen exakt in dieser Reihenfolge aufgelistet werden, und ich habe auch manches weggelassen. Aber wir können festhalten, und darauf kommt es mir hier an: *Bewusst* wird uns das Gefühl Angst erst, wenn die emotionalen Systeme des Zentralnervensystems längst die Alarmaktivierung durchgeführt haben und wenn sogar schon erste Reaktionen laufen! Ins Bewusstsein kommen auch die Körperreaktionen, also zum Beispiel der Angstschweiß, erst *nach* dem Beginn der Aktion. Das bewusste Gefühl der Angst ist ein höherer (kortikaler) Verarbeitungsschritt, der Zeit benötigt und nur deswegen später auftritt. Er kann sich „verselbständigen" und die Angstursachen lange überdauern. Das Bewusstsein wird gewissermaßen „auch" informiert. Die zeitliche Reihenfolge hat bisher niemanden verwundert, weil die Alarmreaktion, also die zweckgerichtete Steuerung von Kreislauf einschließlich der Herzaktion und von Anspannung der Muskulatur und Ähnlichem schon bei niederen Tieren zu beobachten ist und bei diesen ohnehin nicht bewusst durchgeführt wird. Die oberste „Zentrale"[6] muss sich in diesem Falle auf die korrekte Durchführung einzelner Automatismen verlassen, bekommt das Resultat dann gemeldet und kann jetzt über mögliche Konsequenzen nachdenken und – vielleicht – neue, bessere Szenarien planen.

Aber eigentlich hatte ich ja dieses Kapitel mit Ergebnissen zum bewussten Entscheiden begonnen. Wir hörten von der Reihenfolge, die die Untersuchungen von Libet und seinen

---

[6] „Zentrale" steht in Anführungszeichen, da es kein anatomisch abgegrenztes Zentrum für das Bewusstsein, das Denken oder die Intelligenz gibt. Es sind zentrale Funktionen gemeint, die in noch nicht verstandener Integration sehr großer Bereiche der Hirnrinde arbeiten. Im Kapitel 3 hatte ich das Denken mit einer globalen Videokonferenz der Gehirnzentren verglichen.

6 Das informierte Bewusstsein und der eigene Wille

Nachuntersuchern nahelegen: Als Erstes wird eine Entscheidung getroffen und erst dann, als Zweites, auch im Bewusstsein empfunden. Vielleicht ist das gar nichts Besonderes. Das ganze emotionale System funktioniert auch so. Funktioniert der Wille als Resultat einer Entscheidung ähnlich wie das Gefühl?

Wir haben andererseits bereits besprochen, dass vom Gehirn ständig ganz viele Entscheidungen zur Regulierung von verschiedensten Körperfunktionen (Stoffwechsel, Gleichgewicht) völlig ohne Hinzuziehen des Bewusstseins getroffen werden. Nur bei Entscheidungen, in die der Verstand und von ihm behandelte Ursachen involviert oder die vom Verstand sogar veranlasst sind, wird die Kontrollebene der Ratio eingebunden, wird also das Bewusstsein auch regelmäßig nachher über den Fortgang der Aktion informiert. Ins Bewusstsein gelangen das *Resultat* der Entscheidung und die daraus folgende *Motivation* zur Aktion. Das Gefühl des Wollens ist dann eine für die Bearbeitung im Bewusstsein aufbereitete Begleiterscheinung der Umsetzung des Entscheidungsprozesses, also damit offenbar ein Phänomen, das dem Gefühl analog gesehen werden kann, wie wir im vorhergehenden Abschnitt überlegt haben.

Nun habe ich in Kapitel 1 und 5 zu bedenken gegeben, dass eine *Entscheidung* dann, wenn es nur um die Gesamtgewichtung von fördernden und hemmenden Kausalitäten geht, eine schlichte Rechenaufgabe ist, die man einem Prozessor übertragen könnte. In Abschnitt 5.4 hatten wir untersucht, warum man bei solchen Entscheidungen (!) gelegentlich das „Gefühl" eines freien Willens hat. Könnte dieses *Gefühl* als solches *begründet werden* dadurch, dass hinsichtlich der *Prozessierung* der Daten analoge Verarbeitungsschritte verwendet werden, wie wir sie bei der emotionalen Alarmreaktion kennenlernten? Eventuell besteht kein großer Unterschied zwischen dieser *Entscheidungs*funktion, die vom Gefühl (!) des freien Willens begleitet wird, und einer emotionalen *Alarmierungs*reaktion, bei der man das Gefühl „Angst" verspürt? Durch diese Uminterpretation wird noch offensichtlicher (Abbildung 6.2), dass

Das ethische Gehirn

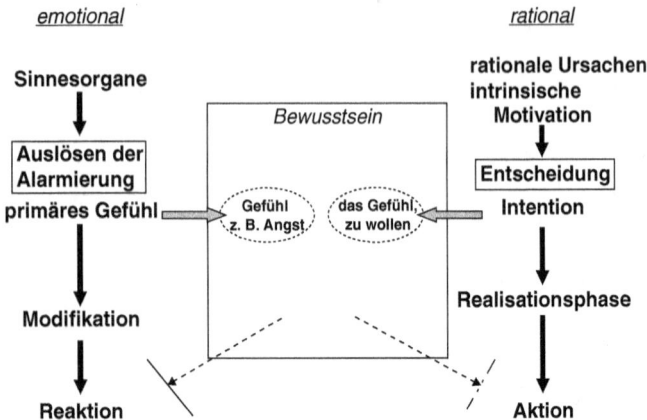

Abb. 6.2 Gegenüberstellung von Stufen der Alarmierungsreaktion des emotionalen Systems (links) und der rationalen Willensbildung (rechts).
Bei beiden Prozessen wird zunächst der notwendige Ablauf in Gang gesetzt und erst dann das Bewusstsein (Mitte) informiert. In den Ablauf der vegetativen Alarmierung kann nicht mehr bewusst eingegriffen werden: Das Gesicht ist schon blass oder rot (je nach Art des Gefühls) geworden. Auch die Realisierungsphase nach der Willensbildung ist schwer beeinflussbar, wie wir in Abschnitt 2.5 und in Abbildung 3.1 gelernt haben (gestrichelte Pfeile unten).

der Wille ein natürliches und kein metaphysisches Phänomen ist. Untersuchungen mit bildgebenden Verfahren könnten die Frage vermutlich bald klären.[7]

Ganz unabhängig von diesen Überlegungen sollte man sich von der Vorstellung freimachen, dass da zunächst „etwas entscheidet", und dass „ich" das dann bewusst gemeldet bekomme und mit dieser Meldung denke und plane. Das Etwas bin ich ja genauso. *Ich* habe die Entscheidung berechnet. *Mein* Gehirn hat die Voraussetzung für mein Denken schon mal

---

[7] Ich habe in Abschnitt 3.5 und 5.1 schon ausgeführt, dass zwischen dem *Gefühl* des Wollens und dem Willen als *Motivation* im Sinne eines angeborenen Bedürfnisses vielleicht kein prinzipieller Unterschied besteht. Ich erinnere daran, dass man auch als Kern des *Gefühls* Liebe keine primäre Emotion, sondern eine derartige angeborene Motivation (Trieb) im fMRT wahrscheinlich gemacht hat.

unbewusst erledigt. Aber alles Unbewusste bin ich auch. Ich sollte dazu stehen wie zu meinem (unbewussten) Stoffwechsel und der Verdauung. Die Verzögerung ist vielleicht nur der benötigten Rechenzeit zuzuschreiben.

6.4 Nachdenken und Planen als höchste Fähigkeiten

Unser *Bewusstsein* erscheint durch diese Befunde und Überlegungen in einer ganz neuen Position und Funktion: Demnach würde es erst *nachträglich* über Reaktionen informiert, die im Köper einschließlich des Gehirns geschehen sind, und es wäre also nicht die Befehlszentrale, die über rasche aktuelle Körperreaktionen entscheidet und Aktionen daraufhin selbst einleitet, sondern eher eine Art Planungsstab, der auf höchster Warte alles *erfährt* und alles Wesentliche *versteht* und dann die großen Perspektiven entwickelt. Wir waren auf diese Reihenfolge schon beim Krankheitsgefühl in Kapitel 3 gestoßen: Wenn Sie bewusst realisieren, dass der Schuh auf Ihr Hühnerauge drückt, haben Sie längst den Zeh bewegt, das Gewicht verlagert und Ihr Gesicht verzogen, in diesem Falle unbewusst. Benutzt die Natur beim Wollen die „älteren" Schaltpläne, die sich schon bei den Emotionen bewährt haben?

Bevor ich ins Spekulieren komme, müssen wir klarstellen: Libets Ergebnisse beziehen sich vorerst nur auf sehr unwichtige Entscheidungen, die zudem vorüberlegt und dann kurzfristig in die Tat umgesetzt wurden. Mit Willensbildung, wie wir sie schon in Abschnitt 3.5 besprochen haben, hat das allenfalls den Schluss der Planungsphase gemein (Abbildung 3.1). Aber das Ausweiten der Libet-Entdeckung auf große Entscheidungen hat trotz der vielen ablehnenden Beurteilungen in der Literatur auch seinen Charme:

Im „Vorstellungsraum" des Gehirns herrscht – etwas abgehoben vom Aktivismus des laufenden Geschäfts – die nötige Übersicht, um eher grundsätzliche („ich will jetzt doch ein Bier") oder weiterreichende („wenn ich fertig bin, besuche ich noch meinen Freund") *Pläne zu entwerfen* oder geistige Aufgaben zu lösen, zum Beispiel das abstrakte Denken und das *Abwägen von Argumenten* im Gespräch (während das Formulieren und besonders das Artikulieren meist eher automatisch und unbewusst ablaufen).[8] Die bedeutungsvollen unter diesen eher weitreichenden Gedankeninhalten werden dann in den Gedächtnisspeichern abgelegt und können später von der „Entscheidungsautomatik" mitverwertet werden, sofern sie dann als Ursache von Bedeutung sind.

Diese Positionierung unseres Bewusstseins mag auf den ersten Blick degradierend wirken, weil das Entscheiden und das Befehlen im Alltag klare Zeichen der Superiorität sind. Durch diese Hypothese wird dem Geschehen in unserem geistigen Wahrnehmungsraum, in dem sich schließlich unser Ich abspielt, die äußerste Aktualität der dirigierenden *Führung* genommen. Aber bei der emotionalen Alarmreaktion befiehlt die oberste Ebene ja auch nicht die direkte *Steuerung* des Körpers, sie wird darüber informiert. Der Mensch ist in dieser Hinsicht einerseits deutlich mehr Automat, als manche Idealisten meinen (immerhin ein sehr guter Automat, der wenig Fehler macht). Aber ich meine, dass nun klarer wird, dass hier auf der höchsten mentalen Ebene, die die Evolution beim Menschen entwickelt hat, neue geistige Szenarien, neue *Handlungsentwürfe*, und damit „neue Kausalitäten" entworfen werden. Sie erweitern die Palette möglicher künftiger Aktionen wesentlich.[9]

---

[8] T. Goschke hat die Möglichkeiten, die sich durch das Planen („antizipatorische Verhaltensselektion") natürlich auch für das Wollen ergeben, in vielerlei Hinsicht untersucht, kommt allerdings zu anderen Folgerungen als ich, da er die Rolle der Emotionen auf die Kausalität (Kapitel 4) nicht einbezogen hat.

[9] Libet (2007) selbst vermutet als Aufgabe des Bewusstseins die Kontrolle über bereits getroffene Entscheidungen (entsprechend seiner Registrierungen). Der Wille würde dann dafür zuständig sein, gegebenenfalls gegen das, was das Gehirn vorhat, ein Veto einzulegen. Da man bewusst in der Vetozeit einen Handlungsimpuls abbrechen könne, sei es legitim, Personen wegen ihrer Handlung als schuldig zu bezeichnen. Er spekuliert dann weiter, dass das unbewusste und damit nicht kontrollierbare Beginnen aller, auch verbotener Handlungen eine physiologische Basis für die Erbsünde sei.

6.5 Das Bewusstsein und das Wollen

Meiner Vermutung über die Einordnung des Bewusstseins in die Hierarchie der Gehirnfunktionen sollte ich einige Informationen anfügen. Man kann aus *neurophysiologischer* Sicht fragen, wie Bewusstsein funktioniert. Man wird vorerst nur von Metarepräsentationen hören, die auf Spiegelungen in neuronalen Netzen aufbauen (W. Singer). Zum Teil reagieren dann dieselben Hirnareale, die zum Beispiel beim Hören und beim Sehen im fMRT besonders aktiv sind, zum Teil reagieren auch gewöhnlich „stumme", die über weite Bereiche der Hirnrinde verteilt sind.

Aus *psychologischer* Sicht bedeutet das Bewusstsein in erster Linie das *Miterleben* einiger der Funktionen, die im Gehirn (ohnehin) ablaufen: die Verarbeitung von Signalen der Sinnesorgane, also das Sehen von Gegenständen und Bildern, das Hören von Tönen, von Musik, das Wahrnehmen von Gerüchen und *auch* von Gefühlen. Diese Form von Bewusstsein dürften auch die meisten höheren Tiere haben. Sie können damit zum Teil auch *denken*: Wenn der Hund ausgehen will, bringt er seinem Herrchen die Schuhe oder die Hundeleine.

Bewusstsein stellt hauptsächlich die Voraussetzung dar für das *abstrakte* Denken und beim Menschen für die Nutzung der *Sprachfunktion* sowie die gezielte gedankliche Manipulation von Handlungsentwürfen. Bewusstsein ist letztlich Voraussetzung für die *Spiegelfunktion*, mit der man die eigenen bewussten Darstellungs- und Denkprozesse gewissermaßen aus einer „Hubschrauberperspektive" betrachten und manipulieren kann. So entsteht ein „Vorstellungsraum" (Abschnitt 3.6). Diese Spiegelungen ermöglichen damit beim Menschen das Selbstbewusstsein und das Erlebnis eines ICH (Metaselbst nach A. Damasio).

Und nur mit der Fähigkeit, ein ICH zu denken, ist dann die Vorstellung eines *Willens* (aus dem entsprechenden Gefühl; Kapitel 5) formulierbar. Mit der Spiegelfunktion begreife ich mich als *Subjekt* (was wohl einige Affen auch können, aber nicht die Hunde) und kann als solches meine *Aufmerksam-*

keit auf bestimmte höhere Hirnfunktionen wie das Denken richten, kann gezielt Gedächtnisinhalte mobilisieren und bin dadurch sehr aktuell in die zielführende *Vorbereitung* von Entscheidungsfunktionen eingebunden.

In der Neuropathologie wurden durch die Untersuchung Hirnverletzter mehrere *Stufen der Hirnfunktionsstörung* und die dafür verantwortlichen Beeinträchtigungen umschriebener Hirnbereiche, speziell auch für das Bewusstsein, lokalisiert (A. Damasio). Es zeigte sich andererseits im Studium mit Drogen aller Art, dass Bewusstsein viel mit *Aufmerksamkeit* zu tun hat. Man holt sich in mehr oder weniger schneller Folge die Informationen ins Bewusstsein, die gerade interessieren: den Schmerz am Hühnerauge, den Appetit auf ein Butterbrot oder eine Szene aus dem gestrigen Erlebnis mit dem Freund. Es können aber auch abstrakte Begriffe und zugehörige Inhalte aufgerufen werden wie Datenschutz oder Freiheit.

Jeder kann also ganz banale Informationen aus seinem Körper in den Fokus nehmen oder auch philosophische Themen, virtuelle Bilder, eine Melodie, den Geschmack einer Speise. Alles, was „bewusstseinsfähig" ist, passt in den „Vorstellungsraum" (nicht jedoch beispielsweise die aktuelle Feinregulierung der Verdauung). Das Arbeitsgedächtnis kann mehrere Themen bereithalten, aber die *Aufmerksamkeit* ist immer auf eines gerichtet. In welcher *Reihenfolge* geschieht das? Beliebig sicher nicht. In der Reihenfolge, die *ich will*? Oder gemäß unbewussten, von verschiedensten Ursachen gelenkten Algorithmen in speziellen Arealen der Hirnrinde? Letztere hat man nachgewiesen.

Man wird sich darauf einstellen müssen: Es ist *mein* Gehirn, es sind *meine* Algorithmen, die mit *meinem* Wissen, *meinen* Erfahrungen, aber auch mit *meinen* Wünschen und Befindlichkeiten in *meinen* ganz realen neuronalen Netzen arbeiten. Sie ermitteln, was aufgrund aller dieser in meinem Hirn befindlichen Daten vermutlich für mich als physische

6 Das informierte Bewusstsein und der eigene Wille

Person (!) besonders interessant ist. Sie präsentieren in meinem „Vorstellungsraum" die für mich gerade optimalen Daten, und dann gibt meistens ein Gedanke das Stichwort für den nächsten, bis zusätzliche Eindrücke (Argumente, Ablenkungen) aus der Umwelt kommen. Der Leser mag sich das probeweise für einzelne Gedankengänge, Überlegungen oder Gespräche durchkonstruieren. Jedenfalls „ist" man das Denken ganz konkret selbst (beziehungsweise das eigene Gehirn).[10]

Die persönlichen emotionalen Bewertungen (Marker) und die angeborenen Bedürfnisse bedingen automatisch eine starke *Individualisierung* alles Denkens und Planens, hatten wir gesagt. Das Gehirn plant das *eigene* Wollen. Hier wirken sich Wünsche und Hoffnungen aus, aber auch aktuelle Stimmungen und generalisierte Schaltungen der *Temperamente*, also zum Beispiel eine eher optimistische oder pessimistische Grundeinstellung. Sie bestimmen mit beim Definieren von *Zielen*. Bei deren Verfolgung durch die Aufmerksamkeit tritt die *rationale Intelligenz* in Aktion. Vordergründig arbeitet sie wie eine potente Suchmaschine, die in den eigenen Gedächtnisspeichern aus dem im Laufe des Lebens angesammelten Wissen, aus Können und der Erfahrung geeignete Informationen ermittelt, danach aber die Parameter des aktuellen Problems analysiert und mit speziellen Heurismen in kombinatorischer Arbeit das Lösen des Problems anstrebt. Der Mensch kann auf diese Weise nicht nur nüchtern kalkulieren und rational denken, er kann

---

[10] Das Gehirn ist das komplexeste Gebilde (im Verhältnis zu seiner Größe) im ganzen Universum. Der größte Teil seiner 100 Milliarden Nervenzellen kommuniziert untereinander in hochkomplizierten Netzwerken. Das ermöglicht das abstrakte Denken, zum Beispiel die Philosophie, sowie das Selbstbewusstsein. In dieser unvorstellbaren Komplexität bleibt eine Hoffnung für den Gegner des Determinismus. Wenn die neuronalen Netze eines Tages besser verstanden werden, könnte sich herausstellen, dass sich einige davon der *Vorausberechnung* widersetzen, wie das S. Wolfram von zellulären Automaten gezeigt hat (vgl. Fußnote 8 in Kapitel 1). Das ändert aber nichts am Prinzip der *Verursachung*.

auch kreativ und phantasiereich kombinieren und sich damit zusätzliche Dimensionen erschließen.

Jeder hat schon erfahren, dass ihm unter gewissen Bedingungen gehäuft gute oder ungewöhnliche Gedanken kommen, viele kennen auch recht gut die Bedingungen, unter denen dergleichen geschieht. Lehrbuchmäßig geht man davon aus, dass in diesen Augenblicken die Konzentration der Denkfunktion auf das aktuelle Thema etwas nachlässt, die normalerweise bestrebt ist, eine Gedankenstruktur möglichst folgerichtig abzuarbeiten und störendes „Rauschen", also Nebengedanken aller Art, abzublocken.

Gewollt ist das etwas unkontrollierte, „kreative" Denken zum Beispiel im sogenannten „Brainstorming", also in Konferenzen mit gelockerter und entspannter Atmosphäre. Man lässt absichtlich Nebengedanken zu, um unkonventionellen Ideen eine Chance zu geben. Die Hypothese von der gelockerten Überwachung ist vermutlich richtig. Mit Bezug auf die thematische Ausrichtung dieses Kapitels könnten wir dann präzisieren, dass man auch *abschweifende Rechenprozesse* im Unterbewusstsein zulässt, die dann ihre „kreativen" Ergebnisse (ganz unerwartet) dem Bewusstsein melden: Plötzlich hat man eine ganz neue Idee oder eine erstaunliche Assoziation.

Das Durchdenken von Handlungsplänen ermöglicht es, auch Optionen in oder nach langen *Zeiträumen* anzustreben. Gleichzeitig kann man mögliche Risiken und die Wahrscheinlichkeit ihres Eintretens abschätzen. Man kann schließlich das eigene spätere Verhalten auch hinsichtlich der Realisierung intrinsischer Motivationen im Vorhinein zu regulieren versuchen, kann sich also vornehmen, gewissen Antrieben oder Versuchungen nicht unterliegen zu *wollen* (!) („Ich habe von der Bedeutung des Cholesterins für die Arteriosklerose gelesen, sodann vom zu hohen Cholesterin in meinem Blut erfahren und nehme mir nun vor, keine Leberwurst zu essen, obgleich sie mir so gut schmeckt"). T. Goschke spricht von einer „Selbstdeterminierung". Wenn derartige „Zielrepräsentationen" mit entsprechenden Merkmalen der Bewertung und des Vorrangs (das ist mir sehr wichtig) kombiniert im Gedächtnis abgespeichert werden, können sie später die Entscheidungsfindung dominieren, also zum Merkmal eines eigenen Willens werden.

Der Mensch hat durch seine Fähigkeit, im „Vorstellungsraum" zu planen und diese Pläne zu Argumenten seiner späteren Handlungsentscheidung zu machen, praktisch die Möglichkeit, vielerlei von seinem Wollen in die Tat umzusetzen. Es ist – wohlgemerkt – kein ganz freier Wille. Sein Durchdenken der Pläne war von Ursachen angestoßen und gelenkt (hohes Cholesterin im Blut), und die Erinnerung und die Ausführung obliegen wiederum inneren und äußeren Einflüssen. Denn jeder Leser weiß: Das, was man sich vorgenommen hat, setzt man in vielen Fällen dann doch nicht oder nicht so um.

Wen verwundert es angesichts dieser erstaunlichen Möglichkeiten noch, dass wir gelegentlich, wenn wir einmal nicht gezielt nach guten Argumenten für unsere Entscheidungen suchen, den Eindruck haben, wir hätten einen freien Willen? Frei erscheint er uns wohl hauptsächlich, weil er genau das verfolgt, was wir uns infolge unserer intrinsischen Motivation wünschen und was uns nützt.[11]

6.6 Rechtzeitiges Planen ermöglicht den eigenen Willen

Ich möchte folgern: Für den Alltag brauchen wir gar keinen freien Willen im philosophischen Sinne. Mit den natürlichen Möglichkeiten des Gehirns, die Kausalität zu modulieren, besitzen wir ohnehin praktisch die Willensfreiheit. Alles, was man realistischerweise wollen kann, muss man nur *vorher* in

---

[11] Soweit man das heute analysieren kann, ändern die vielen Möglichkeiten der Gehirne nichts am Prinzip: Ein Laplace'scher Weltgeist könnte trotzdem alles voraussehen. Er hätte nur mehr Mühe mit den vielen Funktionen und den Unmengen von Argumenten in den Gehirnspeichern, als Laplace je wissen konnte. Wir bleiben determiniert.

Gedanken korrekt planen unter Beachtung möglichst vieler erkennbarer Argumente. Man muss also seinen Willen möglichst präzise formulieren. Diesen Plan muss man dann mit starken Markern versehen und so im Gedächtnis abspeichern. Wenn die Gelegenheit zur Entscheidung gekommen ist, wird der Wunsch als Auslöser für ein Handeln wirken können und wird auch durchgeführt, sofern nicht etwa neue, gewichtigere Gründe dagegensprechen. Das einzige, was uns dann gegenüber dem postulierten freien Willen fehlt, ist dessen Spontaneität (zusammen mit deren Willkür und Risiko).

Lassen Sie mich noch einmal kurz die entscheidenden Punkte des vorliegenden Kapitels auflisten:

- Die Untersuchungen von B. Libet et al. haben gezeigt, dass gewisse Zentren im Gehirn schon eine Aktivität zeigen, bevor die Person ihren Entschluss zur Aktion zu fassen meint. Das legt den Schluss nahe, dass diese Zentren zuerst unbewusst entscheiden und erst danach das Bewusstsein informieren.
- Das emotionale System alarmiert Herz, Kreislauf und Muskulatur auf ein entsprechendes Signal der Sinneszellen hin (zum Beispiel Angst), und zwar so schnell wie möglich. Auch hier wird das Bewusstsein erst informiert, wenn einerseits Rückmeldungen von den alarmierten Organen und abgerufene Daten aus der Erinnerung von vergleichbaren Ergebnissen vorliegen (sekundäres Gefühl). Dann kann das Individuum aber kaum noch in die in der Umsetzung befindliche Entscheidung eingreifen.
- Das aktuelle Gefühl ist nicht Selbstzweck, sondern eine Zusatzfunktion, die den Organzustand einbezieht und die Gesamtsituation bewertet. Diese emotionale Charakterisierung wird zusammen mit der Situation für die Erinnerung abgespeichert.
- Hinsichtlich der „verspäteten" Informierung des Bewusstseins finden sich also Parallelen bei der emotionalen Alarm-

reaktion und der Willensbildung. Sie könnten auch Hinweise darauf geben, warum man ein Gefühl des Wollens hat.
- Die Funktion des Bewusstseins ist gemäß dieser Befunde nicht das Entscheiden und das Befehlen von Handlungen, sondern das Überlegen, Nachdenken und Planen. Es entwirft neue Kausalitäten für gezieltes Handeln.
- In den Planungsprozess gehen Erinnerungen und Wissen, intrinsische Motivationen und äußere Einwirkungen („extrinsische Kausalattributionen") ein, aber auch allgemeine Befindlichkeiten (zum Beispiel Selbstwertgefühl) und die Selbstkritik.

Im folgenden Kapitel werden wir besprechen, dass die Gesellschaft ethische und andere Regeln nicht nur aufstellen, sondern auch auf ihre Einhaltung drängen muss. Wir werden sehen, dass das Verantwortungsbewusstsein für diesen Zweck sehr hilfreich ist.

7
Ethik und Verantwortung

Der eigene Wille erfährt in seiner faktischen Freiheit dadurch eine sehr realistische Einschränkung, dass der Mensch in einer sozialen Gemeinschaft lebt. Auf diese und auf ihre einzelnen Mitglieder muss er Rücksicht nehmen. Die diesbezüglichen Anforderungen hat die Gesellschaft – wir haben es schon angesprochen – in Form von Geboten, Gesetzen und Verordnungen formuliert, aber auch als Tradition, Etikette und Tabus.

7.1 Soziales Verhalten durch Gefühl und Verstand

Die genetische Ausstattung des Menschen ist primär auf die Erhaltung seiner Art ausgerichtet. Daraus ergibt sich eine egoistische Grundhaltung, der wir im Zusammenhang mit den bisherigen Erklärungen zum eigenen Willen immer wieder begegnet sind. Der Mensch gehört genetisch aber auch zu den sozial lebenden Wesen. Er hat zum Beispiel ein starkes *angeborenes* Bedürfnis, das ihn zur Gemeinschaft hinzieht, sowie Bedürfnisse, in der Gemeinschaft mitzuarbeiten und zu bestimmen. Man findet aber auch in zehn Prozent der Individuen ein starkes Bedürfnis, den Mitmenschen gegenüber die eigene Dominanz auszuspielen, also andere zu führen. Man vermutet sogar ein genetisch verankertes Gefühl für Recht und Unrecht. Zudem zeichnet den Menschen eine erstaunliche Fähigkeit zur

Empathie aus, also dazu, die aktuelle emotionale Situation des Mitmenschen zu erkennen – und damit zum Mitfühlen, zum Mitleid. Und schließlich kann man sogar eine spezielle, interpersonale Form der *emotionalen Intelligenz* abgrenzen, mit der der Mensch sich automatisch zum Beispiel im Gespräch auf die Reaktionen seiner Mitmenschen einstellen und angemessen oder taktisch klug reagieren kann.

Bezüglich seiner *emotionalen* Systeme scheint der Mensch somit für ein verträgliches Leben in der Gemeinschaft ausreichende fördernde und kontrollierende Anlagen zu besitzen. Hinsichtlich der *rationalen*, also verstandesmäßigen, Ausstattung gibt es dagegen keine ausdrücklich gemeinschaftsbezogenen Funktionen. Der Verstand arbeitet nach anderen Prinzipien. Seine die Gemeinschaft (zer-)störenden Potentiale sind erheblich: Lüge, Hinterlist, Aggression, Rücksichtslosigkeit, um nur einige zu nennen. Man muss den Verstand daher auch aktiv einsetzen, um demgegenüber gezielt Vorteile für ein gedeihliches Zusammenleben zu erzielen.[1]

Zur Kontrolle der Aktionen des denkenden Menschen wie auch zur Selbsterhaltung haben die menschlichen Gesellschaften schon immer Gesetze und Vorschriften erarbeitet. Grundsätzliche, besonders bedeutsame Prinzipien für den Umgang mit den Mitmenschen fasst man in der Ethik (beziehungsweise Moral) zusammen, über die nachzudenken und der nachzueifern in der Antike als eine der höchsten Aufgaben des Menschen galt.

Die Regeln der Gemeinschaft werden von drei Faktorengruppen bestimmt: von den Rechten beziehungsweise Ansprüchen des Einzelnen gegenüber den anderen, von den Pflichten, die

---

[1] Diese Feststellungen führen zum Problem „Kultur-Evolution". Die interessante Materie würde hier den Rahmen sprengen. Daher nur der Hinweis, dass das natürliche *survival of the fittest*, also die egoistische Nutzung des Verstandes im Sinne einer hemmungslosen Selbstverwirklichung (gemeinsam mit liberalen Gesetzen), eine arbeitsteilige Industriegesellschaft zerstören könnte. So ergibt sich die Frage, ob die Gesellschaft wichtiger ist als der Wille des Einzelnen. Fernöstliche Gesellschaften und der Kommunismus gehen davon aus. Andererseits führte der Individualismus zu unübertroffenen Fortschritten und großem Wohlstand. Jede Kompromisslösung bleibt eine Gratwanderung. Sicher muss man die soziale Gruppe beim Menschen als notwendige Entwicklung der Phylogenese auffassen.

der Einzelne hat und die ihm Grenzen setzen, und schließlich von grundsätzlichen Wertvorstellungen. Besonders letztere können sich rasch wandeln, wie zum Beispiel die Einstellung unserer Gesellschaft zur Institution der Familie oder zum Töten (Spirale, Abtreibung) zeigt.

7.2 Realitätsbezug und Relativität der Ethik

Stellen wir uns auf den Standpunkt der Gesellschaft. Gehen wir hier von der von mir vertretenen materialistischen Vorstellung aus, dass nicht eine überirdische Macht, sondern die Gemeinschaft der Menschen selbst diese notwendigen *ethischen Verhaltensregeln* festsetzt.[2] Sie braucht aber einerseits eindeutige Verbote und Gebote über Pflichten, und andererseits muss sie auch Rechte und verbindliche Werte (zum Beispiel Wahrhaftigkeit oder Gerechtigkeit, Gleichberechtigung, Menschenrechte) garantieren. Sie benötigt dafür Vorkehrungen zum Schutze ihrer Mitglieder vor Missetätern und Absicherungen zum Erhalten ihres eigenen erfolgreichen Fortbestands. Wenn die Gemeinschaft zunehmend eine Zivilisation, eine Bürgergesellschaft entwickelt, erarbeitet sie schließlich auch Vorschriften für organisatorische Probleme wie den Straßenverkehr und die Brandverhütung. Und sie braucht Einrichtungen, die diese Vorschriften kommunizieren und ihre Einhaltung sicherstellen.

---

[2] Ethische Gebote, gerade die umfassenden wie Ehrlichkeit, Rücksichtnahme oder Sorge um Benachteiligte, können sowohl von göttlichen Lehren wie von der weltlichen Gesellschaft vorgegeben werden. Beide können im Prinzip übereinstimmen. Diejenigen der überirdischen Ebene sind nicht das Thema dieses Buches. Sie entsprechen religiösen Vorstellungen oder sind mit entsprechenden Zielen begründet und finden dann auch im transzendentalen Raum ihren Richter und gegebenenfalls Belohnung oder Strafe. In der Bundesrepublik Deutschland diskutiert der Deutsche Ethikrat (zusammengesetzt aus Theologen und Vertretern wissenschaftlicher Disziplinen) aktuelle ethische Probleme unserer Gesellschaft, zum Beispiel zur Stammzellforschung oder zu Eingriffen am Anfang oder am Ende des Lebens. Er gibt Empfehlungen an den Parlamentarischen Ethikbeirat des Bundestages, und letzterer beschließt gegebenenfalls einschlägige Gesetze.

Manchem erscheint schließlich das Netz der Vorschriften zu eng und die Überwachung zu kompromisslos. Wer dann über *Freiheit* nachdenkt, bemerkt bald, dass unser Handeln tatsächlich über sehr weite Bereiche durch Gesetze und Vorschriften geregelt und eingeengt ist. Es kam schon zur Sprache, dass sich unsere Freiheit in diesem (alltäglichen, sozialen) Sinn fast nur noch auf Freizeitgestaltung und Konsum bezieht. Das bedeutet andererseits, dass jeder, der eine neue persönliche Absicht realisieren will, sehr bald auf die vielen Kollisionsmöglichkeiten mit den Vorgaben verschiedenster Provenienz stößt und geradezu zur Rebellion gegen sie getrieben wird. Und dann spürt er (auch wenn er nicht darüber nachdenkt), dass selbst die großen, aber eben von Menschen aufgestellten Gebote nicht unumstößlich sind.

Es gibt nicht „die Ethik", die immer und überall gilt. Wenn man eine Zusammenstellung philosophischer Texte (zum Beispiel bei O. Höffe) liest oder eine skeptische Wertung entsprechender Stellungnahmen großer Denker (zum Beispiel bei W. Weischedel), kann man sich als Nichtphilosoph nur noch wundern, so vielseitig sind die Auffassungen. Abbildung 7.1 ist nach Erörterungen von Weischedel zusammengestellt und durch solche von H. Küng ergänzt und soll einen kleinen, sicher unvollständigen Eindruck von der Abhängigkeit der ethischen Werteskala von dem jeweiligen Zeitgeist geben. Von der Variationsbreite der Vorgaben weltlicher Potentaten und Parlamente will ich gar nicht erst reden. Um den Rahmen dieser Arbeit nicht zu sprengen, schreibe ich dennoch weiterhin summarisch „die Ethik".[3] Und ich unterstelle, dass es jeweils in der Gesellschaft einen mehrheitlichen Konsens über die Gültigkeit und über die Prioritäten bei aktuell wichtigen Geboten und Verboten gibt.

---

[3] Zur Klarstellung: Ich spreche hier nicht über philosophische Begriffe, sondern ganz konkret über Lerninhalte und Denkergebnisse, die das Gehirn aufnimmt und/oder verarbeitet und am Ende des Prozesses abspeichert. Die Denkinhalte können aus dem Gedächtnis wieder mobilisiert und unter anderem auch für die Planung des Verhaltens verwendet werden. Aber diese real im Gehirn präsentierten Gedächtnisinhalte können ohne weiteres auch von Philosophen durchdachte Begriffe beinhalten, also von Recht oder Ehrlichkeit oder Freiheit handeln.

Sittliche Werte

vor Nietzsche	Nietzsche	Parteitag der KPdSU 1961	Theologie Weltethos
Gerechtigkeit	Wille zur Macht	Gerechtigkeit	Menschenwürde
Güte	Strenge	Ehrlichkeit	Freiheit
Nächstenliebe	Selbsterhaltung	Wahrheitsliebe	Menschenrechte
Barmherzigkeit	Selbstbeherrschung	Schlichtheit	Gerechtigkeit
Mitleid	Selbsterhöhung	Bescheidenheit	Solidarität
Fürsorge	Selbsterlösung	Achtung Gleichgesinnter	Emanzipation
Gemeinsinn		Treue (zur Ideologie)	der Frau
Selbstlosigkeit			Tapferkeit
Demut			Mäßigkeit
absoluter Gehorsam			

Abb. 7.1 Sittliche Werte in Abhängigkeit vom Zeitgeist. Vor Nietzsche gab es natürlich sehr unterschiedliche Auffassungen darüber, was als ethisch zu gelten habe. Aber die Unterschiede zwischen den Lehren der vielen Philosophen sind nicht so gravierend wie diejenigen gegenüber Nietzsche, der deswegen hier herausgestellt wird. Der Marxismus andererseits war ein Gegner aller transzendentalen Konzepte. Dazu gehörte, Nächstenliebe und Selbstaufopferung zu ersetzen durch Zuwendung zum System. (Zusammengestellt nach Texten in W. Weischedel 1976, *Skeptische Ethik*). Einen Konsens über theologische Ansichten unserer Zeit versuchte H. Küng (1990, Projekt Weltethos) herauszuarbeiten.

Alle diese Verbote und Gebote dienen fast immer dazu, *natürliche* Bestrebungen des Menschen zu unterdrücken oder zu zügeln. Die wichtigsten angeborenen *Gegengewichte* gegen die *egoistische* Grundkonzeption der Biologie wurden schon erwähnt: Verstand, Intelligenz und das Gedächtnis. Wir müssen sie als Werkzeuge und damit als Voraussetzungen auffassen, die erst im Laufe des Lebens Inhalte und Bedeutungen schaffen. Man muss sie ständig, auch unterschwellig, mit Informationen stärken, stützen und trainieren, um schließlich sozial kompetent zu werden (siehe unten Abbildung 7.2). Lehren und Lernen rücken damit in den Mittelpunkt unserer Überlegungen. Betrachten wir zunächst die entsprechenden Prozesse im Gehirn.

7.3 Umsetzung gesellschaftlicher Regeln im Gehirn

Neurophysiologisch gesehen fügt das Individuum die für das gesellschaftliche Zusammenleben aufgestellten, also normativen ethischen Vorschriften in gehirnspezifische Prozesse ein. Es kann sie zunächst als Befehl hinnehmen oder – besser – logisch *verstehen*, also in schon bekannte Zusammenhänge oder eigene Erlebnisse und Erfahrungen integrieren. Es kann sie damit entweder gehorsam akzeptieren und befolgen oder – wiederum besser – mit positiven emotionalen Markern versehen, dann im Gedächtnis ablegen und später im Sinne eines eigenen Willens in Handlungsplanungen berücksichtigen. Aus Untersuchungen an sehr vielen Hirnverletzten weiß man, dass hierfür der sogenannte präfrontale Kortex im Stirnhirn benötigt wird (A. Damasio).

Die emotionale Begleitmarkierung kann bejahend sein im Sinne eines „guten Vorsatzes", die Gesellschaft zu unterstützen, oder sie kann zurückhaltende Färbungen enthalten zum Beispiel aus Angst vor zu viel Verantwortung, also nicht ausreichend überschaubaren Folgen, oder gar aus Furcht vor eventuellen Konsequenzen wie Strafe. In beiden Fällen ist eine richtunggebende „Ursache" für spätere Entscheidungsprozesse geschaffen, die eine Chance, aber keine Garantie für ihre letztliche Durchsetzung bedeutet. Die Chance steigt, je häufiger das Engramm im Laufe der Zeit rekapituliert und verstärkt wird.[4]

Noch vorteilhafter ist es, das Entstehen grundsätzlicher *Einstellungen* zu fördern. Wir haben schon über diese Form des integrierenden Lernens und der Bildung interner Sollwerte

---

[4] Ethik setzt Wahlfreiheit voraus. Wer keine Wahlmöglichkeit hat, kann sein Handeln nicht nach anerkannten Werten richten. Diese Wahlfreiheit ist jedem Menschen gemäß dem bisher Gesagten in der materialistischen Welt in ausreichendem Maße geboten, denn er kann jeweils (äußere, politische Freiheit vorausgesetzt) dem ethisch korrekten Argument das größte Gewicht zuordnen (welche andere Wahl sollte er „frei" treffen?). Sie erfordert also keinen autonomen Willen.

gesprochen. Sie erinnern sich: Wenn das Gehirn automatisch integrierend lernt, also Mittelwerte bildet, können diese so breit angelegt sein, dass sie nicht nur einer bestimmten Konstellation, sondern einem Prinzip gerecht werden. Wenn der Lehrer die Überlieferung über St. Martin erzählt, der im Winter die Hälfte seines Mantels einem frierenden Armen schenkte, werden die Kinder vorrangig lernen, dass man armen Menschen mit Bekleidung helfen kann, auch wenn der Lehrer seine Erzählung dann auf andere gute Taten ausweitet. Wenn aber viele Jahre immer wieder Beispiele von Hilfestellungen aller Art auf fruchtbaren geistigen Boden fallen, kann das zu einer allgemeinen Einstellung zum Helfen, also zu einer umfassenden *ethischen Haltung*, führen. Gerade für die Grundhaltungen ist ständig repetierendes Lehren und Lernen vorteilhaft – für viele vermutlich eine Notwendigkeit. Das Gehirn reagiert nun im ethischen Sinne mehr oder weniger automatisch. Der Besitzer könnte stolz sein auf sein „ethisches Gehirn".

Durch diese Lernmechanismen und durch die Verwendung der gelernten Vorgaben bei Entscheidungsprozessen ist also gewährleistet, dass ein moralisch verantwortliches Handeln trotz Determinismus möglich ist. (B. Kanitscheider und andere hatten das für den Fall, dass ein freier Wille fehlt, ausgeschlossen.)

7.4 Intelligenz und soziale Kompetenz

An dieser Stelle, wo es um die konkrete Umsetzung der bisher besprochenen Vorstellungen über die Willensbildung in Probleme des Alltags geht, scheint es mir wichtig, die Begriffe „Intelligenz" und „Kompetenz" in die Überlegungen einzuführen, auch wenn die Diskussion um die Entscheidungsfindung dadurch komplizierter wird. Dem aufmerksamen Leser mag ohnehin schon aufgefallen sein, dass von der Intelligenz noch kaum die Rede war: Von der *emotionalen* Intelligenz in Abschnitt 4.5 und 4.6, von der *rationalen* in Abschnitt 6.5.

Die *Intelligenz* ist ein besonders wichtiges Werkzeug des menschlichen Gehirns. Ihr Potential hinsichtlich des Ausmaßes ihrer Leistungsfähigkeit und ihrer Flexibilität ist angeboren. Sie muss in der Jugend trainiert werden, Versäumnisse können jedoch im späteren Leben nachgeholt werden.[5] Sie fällt weitgehend aus bei beiderseitiger Zerstörung des Stirnhirns, hat dort aber kein umschriebenes Zentrum, sondern verwendet große Hirnbereiche.

Intelligenz kann man definieren als die Fähigkeit, bisher unbekannte Probleme mit den Möglichkeiten des Gehirns zu lösen, wie wir bereits in Kapitel 4 erfahren haben. Praktisch alle relevanten Entscheidungsprozesse betreffen definitionsgemäß „bisher nicht gelöste Probleme". Die Intelligenz muss hier also irgendwie beteiligt sein, wohl als übergreifende koordinierende Funktion, die die am besten geeigneten Argumente auswählt.

Die Intelligenzfunktion ist meines Wissens noch nicht ausreichend in die empirische Motivationspsychologie, die sich mit der Willensbildung befasst, eingearbeitet. Die intelligente Auswahl der optimalen Kriterien und Argumente muss aber, wenn wir uns an Abbildung 3.1 erinnern, zwischen der anfänglichen generellen Absicht für ein Vorhaben einerseits und dem Zeitpunkt für eine Verrechnung der Ursachen zur Entscheidung andererseits stattfinden, also während der Phasen 1 und 2. Erinnern wir uns an den Dieb in der Tankstelle. Als Erstes bildet er bewusst die „Intention", Geld aus der Kasse zu nehmen, anstatt zu zahlen. Um dieses Vorhaben dann zu planen, muss seine *Intelligenz* (für die neuen Probleme) die aktuellen Bedingungen, seine Fingerfertigkeit und anderes, kalkulieren und die beste Vorgehensweise auswählen. Dann erst kann der (automatische?) Entscheidungsprozess ablaufen, der zum Willen und schließlich zur Realisationsphase, also zum tatsächlichen Griff, in die Kasse führt.

Bemerkenswert scheint mir, dass damit das Zeitfenster für den Einsatz der Intelligenz *vor* der Entscheidung und dem Einsatz

---

[5] Ich habe das schon an anderer Stelle ausführlich zusammengestellt (Seidel 2008).

des Willens liegt. In diesen Planungszeitraum gehört auch das Abwägen bezüglich der Übernahme von Verantwortung und von ethischen Postulaten. Wir können jedenfalls erkennen, dass die *Intelligenz* auch mit der Bereitstellung *ethischer* Argumente verbunden ist.[6] Mit mehr Intelligenz hätte der Mann wahrscheinlich das Stehlen unterlassen. Er hätte ja nur zu dem offenbar zu schwachen Argument, dass er als korrekter Kunde bezahlen muss, ein weiteres, Straftaten verhinderndes berücksichtigen müssen, zum Beispiel die Angst, erwischt und bestraft zu werden.

Ich sagte es schon: Sie können sich die Intelligenz, falls eine Analogie mit dem Internet gestattet ist, als eine komplexe *Suchmaschine* vorstellen. Sie wählt aus dem riesigen Angebot von Informationen (dem „Material") in Ihren Gedächtnisspeichern jeweils die Daten heraus, die nicht nur den besten emotionalen Marker tragen, sondern die – und das ist das Intelligente daran – in der *Gesamtsituation* am besten geeignet sein könnten, und zwar sucht sie ohne spezifische Anweisung. Bei der überlegten Entscheidungsvorbereitung hilft die rationale Intelligenz, vor der Spontanhandlung die emotionale (falls es da, wie H. Gardner meint, eine scharfe Trennung gibt). Die Intelligenz wird damit zu einer besonders wichtigen Komponente bei der Ermittlung und Auswahl der für den eigenen Willen am meisten geeigneten Ursachen.

Das Gehirn kann dieses wichtige Werkzeug „Intelligenz" natürlich nur optimal nutzen, wenn es auch über genügend „Material" zu seiner gezielten Anwendung verfügen kann. Unter „Material" verstehe ich hier das Wissen, das gelernt, und die Erfahrung, die im Laufe des Lebens gemacht wurde. Durch intelligente Verwendung und Übung entstehen dann *Kompetenzen*.[7]

---

[6] Falls dieser Zusammenhang empirisch bestätigt wird, ergeben sich auch Konsequenzen für die Beurteilung der *Straffähigkeit*. Die Alltagspsychologie würde eine Relation zwischen dem Intelligenzgrad und der Fähigkeit zur Anwendung ethischer Gebote erwarten lassen.
[7] In der Psychologie oder der Pädagogik versteht man unter „Kompetenz" *Fähigkeiten*, in der Jurisprudenz eher *Zuständigkeiten*.

Abbildung 7.2 soll dies hervorheben. Der Leser mag sogleich folgern, wie wichtig das Lehren und Lernen auch für ein sozial angepasstes Verhalten ist. Alle Kompetenzen, die ein Mensch aufzuweisen hat, beruhen auf Gelerntem. Zu diesen Kompetenzen gehört eben auch die sogenannte soziale Kompetenz, die vorrangig emotionale Funktionen wie die Empathie, aber auch ethische Einstellungen verwertet. Bei *rationalen* Lösungsfindungen andererseits, wie sie im Zusammenhang

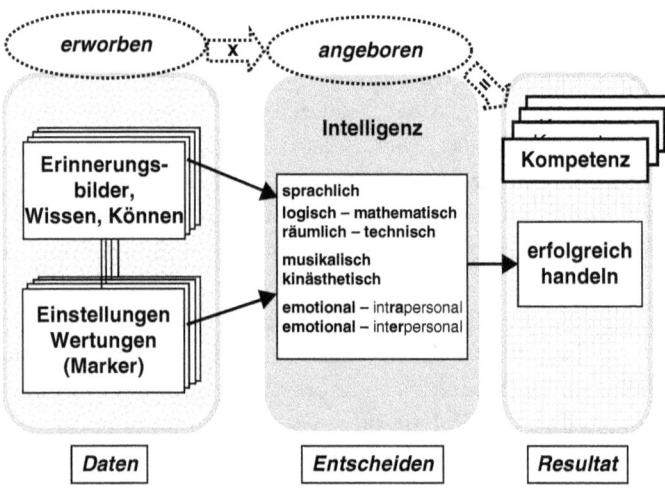

Abb. 7.2 Alle Kompetenz beruht auf der intelligenten Verarbeitung von Gedächtnisinhalten. Das zur Verfügung stehende *Wissen* mit allen Erinnerungsinhalten sowie Gefühl, Einstellungen und Wertvorstellungen ist erworben (links). Die intelligente Auswahl und Verarbeitung dieser Speicherinhalte sind Voraussetzung für eine optimale Entscheidung (Mitte). Die Entscheidung führt zur Handlung (rechts). Die *Intelligenz*, die unter anderem aus dem Wissen die geeigneten Daten bereitstellt, ist vererbt, also angeboren, muss allerdings in den ersten beiden Jahrzehnten bis zur vollständigen Ausreifung trainiert werden. Das Produkt aus Wissen und Intelligenz ist die *Kompetenz*. Man kann sie bis ins hohe Alter verbessern, kann neue Kompetenzen hinzu erwerben. Wollte man den Prozess mit dem Handwerk vergleichen, wäre das Wissen das „Material" des Handwerkers, die Intelligenz sein „Werkzeug", das gleich bleibt, und die Kompetenz das Resultat seines Schaffens. (Aus Seidel 2008).

mit dem Willen zur Diskussion stehen, müssen der aktuellen Situation entsprechende *Argumente* im Gedächtnis leicht zugänglich sein, und zwar mit geeigneten „Markern".

7.5 Vermittlung ethischer Vorgaben

Die Menschenrechte, der Anstand, der Umgang miteinander, speziell die Rücksichtnahme auf die Rechte und Bedürfnisse anderer und viele Regeln mehr werden jedem einzelnen Mitglied der Gesellschaft in Kindergarten, Schule, Vereinen usw., besonders aber in der Familie vermittelt. Die Prägephasen in der Kindheit werden gezielt genutzt. Informationen des Alltags, zum Beispiel in den Medien, und insbesondere Vorbilder tragen zur ständigen Wiederholung und Intensivierung bei, ein Leben lang.

Die Voraussetzungen dürften heute freilich schwieriger sein denn je. Die Menschen unterliegen derzeit einem steten Wechsel der *Gesellschaftsformen* einerseits und einer zunehmenden *Individualisierung* andererseits. Sie werden sanft gedrängt, sich von Tradition und Normen zu befreien, und sehen sich einer gewaltig wachsenden Vielfalt von Möglichkeiten gegenüber, sich das Leben selbst einzurichten. Im Vergleich zum Geborgensein in Familie, Verein und Gemeinde noch vor 100 Jahren ergibt sich heute eine fast drohend gestiegene Notwendigkeit, *persönliche Entscheidungen* zu treffen. Der Zwang zur Selbstbestimmung trägt viel bei zu Ängsten und zu Stress. Tatsächlich wird in großem Maßstab Hilfe gesucht und auch angeboten in einer unüberschaubaren Fülle von Ratgebern, in Zeitschriften, in Internetportalen: Ratschläge von sehr unterschiedlicher Qualität. Unter dem Strich wächst die Unsicherheit, ein Mangel an stabilen Zielen und an Orientierung wird von vielen Seiten diagnostiziert (S. Maasen). Es wäre fatal, wenn in dieser Atmosphäre einer weitgehenden Liberalisierung auch noch die Naturwissenschaft den freien Willen gegen den Determinismus austauschen würde.

Sowohl die Förderung der persönlichen Selbstsicherheit als auch die langfristige Aufrechterhaltung der öffentlichen Ordnung benötigen ein Erziehungssystem, das auch das letzte Mitglied von frühester Jugend an erreicht und dann bis in den hintersten dunklen Winkel seiner Gehirnspeicher ordnungsgemäß ausbildet. Eine neue, starke Tradition könnte alle Erzieher einschließlich der Eltern grundlegend unterstützen.[8] Das ist eine Aufgabe, die derjenigen von Sisyphos entspricht. Die Erziehungseinrichtungen wie die Medien tragen also eine größere Verantwortung, als ihnen normalerweise bewusst ist. Speziell *die* Familie dürfte ihrer Aufgabe in so manchen Fällen nicht gerecht werden. Aber auch die Autorität der Lehrer und ihr Ansehen in der Gesellschaft bedürfen einer Aufbesserung.

Als relativ widerstandsfähig haben sich Gesellschaften erwiesen, die *übernatürliche Autoritäten* in ihr Weltbild einbinden. Dann können die wichtigen gesellschaftlichen oder ethischen Gesetze gesetzt beziehungsweise Strafen für die Nichtbeachtung der Gebote und Verbote verkündet werden, wie auch der Lohn in einem späteren überirdischen Leben. An dem damit postulierten übernatürlichen (transzendentalen) Raum kann dem Menschen ein Anteil gewährt werden in Form einer Seele oder seines ethischen Wollens. Mit ihm erhält der Mensch die Gnade, sich willentlich gebotsmäßig zu verhalten und somit einer jenseitigen Strafe zu entgehen und sich Belohnungen zu verdienen. Die Existenz einer „überirdisch" begründeten Ethik im Bereich der Religion und ihre kraftvolle Propagierung parallel zu den von mir beschriebenen weltlichen Mechanismen bieten also durchaus praktische Vorteile.

Wie könnte man aber im weltlichen Alltag erreichen, dass die Mitmenschen auch ethische beziehungsweise sozialverträgliche Vorgaben einigermaßen verlässlich befolgen? Hier eröffnet das „Prinzip Verantwortung" die entscheidende Chance.

---

[8] F. Wuketits spricht von einem ideologischen Druckmittel. Die Formulierung ist hier positiv gemeint, aber auch weniger ehrenwerte Ideologien (als das Bemühen um die Werte unserer Gesellschaft) wurden und werden mit Hilfe dieses Psychomechanismus durchgesetzt.

7.6 Verantwortung ist Voraussetzung für ethisches Verhalten

Zwischen dem auf der Basis von Naturgesetzen arbeitenden eigenen Planen und Wollen einerseits und diesen sozialen Forderungen andererseits finden wir als eine Art formales Bindeglied das Phänomen der *Verantwortung*. Sie ist ein Postulat der Gesellschaft, aber sie dürfte andererseits eine wesentliche Wurzel in den angeborenen Bedürfnissen (Abschnitt 4.3) und damit in Naturgesetzen wie Hilfsbedürfnis oder Fürsorgeverhalten einschließlich Brutpflege wie auch Bestreben zur Anpassung und zum Erfolg haben. Sie ist streng kausal gedacht. Die Verantwortung soll an dieser Stelle besprochen werden, weil sie (im nächsten Kapitel) eine Voraussetzung für Schuld und Strafe ist.

H. Jonas hebt hervor, dass die Verantwortung eine *Vorbedingung für die Moral* sei, sie sei aber nicht selbst ein moralisches Gebot. Erst wenn man Verantwortung besitzt, könne man „moralisch" oder „unmoralisch" handeln. Sie sei eine „formale Auflage auf alles kausale Handeln unter Menschen, für das Rechenschaft verlangt werden kann". Verantwortung erwächst also ganz speziell beim Agieren gegenüber anderen Menschen, das heißt in dem Bereich, in dem die *Ethik* mit ihren Vorgaben gilt. Aber man kann auch Verantwortung für Sachen oder Funktionen übernehmen. Jeder denkende Mensch ist zur Verantwortung fähig, und in einer sozialen Gesellschaft hat jeder irgendwann und irgendwie Verantwortung für seine Mitmenschen. Das war schon so in den frühesten Kulturen der Menschheit.[9]

---

[9] Die Philosophie verlegt die Verantwortung oft in die (metaphysische) Sphäre des Denkens. Verantwortung könne man nur haben, wo Freiheit ist (H. Pietschmann). Auf ihre Ebene wird auch die moralische Pflicht gesetzt (R. Merkel). Sie sei ein überindividueller, nicht körperlicher Grund und damit kategorial von physikalischen Ursachen unterschieden. Kant hat gefolgert, dass man Willensfreiheit erlangt, wenn man durch Erziehung und Selbsterziehung die Haltung der Ehrlichkeit erwirbt, sich also die volle Wirklichkeit der Moral zu eigen macht.

Wie können wir uns die Funktion „Verantwortung" im neurologisch-psychologischen Gefüge des Gehirns vorstellen? Verantwortung ist psychologisch gesehen eine gelernte *Einstellung* zu persönlichen Verhaltensweisen unter speziellen Rahmenbedingungen, wie wir sie in Abschnitt 3.3 besprochen haben. Entsprechend kann man sich vornehmen, grundsätzlich ehrlich, tolerant oder hilfreich zu sein. Eine verantwortliche Einstellung veranlasst ethisch korrektes Handeln wie zum Beispiel Ehrlichkeit, Toleranz oder Hilfsbereitschaft. Die Einstellung sorgt bei einschlägigen Handlungsplanungen für *Aufmerksamkeit* und Berücksichtigung der im Gedächtnis abgespeicherten sozialen Handlungsentwürfe. Nur dann können diese in die Entscheidungen einbezogen werden. Wahrscheinlich wird von der Verantwortung noch eine befürwortende *Wertung*, also eine Gefühlskomponente angefügt. Eigentlich sollte immer ein emotionaler Marker spürbar werden, wenn der Verstand das „Prinzip Verantwortung" einsetzt. Soweit er es untersucht, findet der Forscher im fMRT eine kräftige Mitreaktion von Zentren des emotionalen Systems. Im Laufe des Lebens wird der Marker manche Veränderung erfahren, aber er wird immer da sein und eben das *Verantwortungsgefühl* hervorrufen.

Ferner gehört ein Hinweis auf die *Risiko*kalkulation jedenfalls dann mit dazu, wenn Verantwortung aktiv übernommen werden soll. Und Voraussetzung ist vor allem das Zusammenwirken mit der *Intelligenz*funktion, die ohnehin bei der Lösung aller neuen Probleme hinzugezogen wird, wie wir bereits gehört haben.

Auch die Verantwortung wird also durch ein Gefühl bewertet. Aber warum hat man schon beim Planen einer Handlung ein *Verantwortungsgefühl*? Wir können es aus den in den vorhergehenden Kapiteln erklärten Befunden über Gefühle ableiten: Wenn man einem Kind sagt, es müsse nun auch etwas Verantwortung übernehmen, zum Beispiel für die Ordnung im Kinderzimmer oder für die Ernährung der Meerschweinchen, die es doch unbedingt haben wollte, oder für die jüngere Schwester auf dem Spielplatz, dann wird es alle diese Ermahnungen in sein Gedächtnis aufnehmen. Wenn es immer wieder Lob oder Ermahnungen im Zusammenhang mit dem Begriff Verantwortung hört, wird es diesem offenbar bedeutsamen Begriff einen *emotionalen Marker* zuordnen. Der mag zunächst ausdrücken: „Ist lästig, aber wohl wichtig." Das „wichtig" muss dann mit zunehmender geistiger und sozialer Reife (von dafür „Verantwortlichen") in den Vordergrund gebracht werden.

In jedem konkreten Einzelfall veranlasst die Verantwortung, einen internen *Sollwert* zu erstellen. An diesem Sollwert muss dann in der „Nach-der-Handlung-Phase" in Abbildung 3.1 der Ausgang der Aktion intern gemessen werden, wie das in Abbildung 4.4 für das *Gewissen* skizziert wurde. Diese interne „Qualitätskontrolle" mag dann gegebenenfalls in einem Schuldgefühl oder in Reue resultieren. Jeder muss lernen, derart Verantwortung zu (er-)tragen, muss es bis zur Selbstverständlichkeit verinnerlichen – schon als Jugendlicher –, auch wenn das Prinzip meistens nicht ausdrücklich (etwa als Schulfach), sondern nur indirekt gelehrt wird.

7.7 Die soziologische Bedeutung der Verantwortung

Man kann Verantwortung *soziologisch* definieren als eine Kontrollaufgabe, die einem von der Gesellschaft übertragen wird. Sie überwacht einerseits die regelmäßige Anwendung von ethischen Prinzipien, überprüft andererseits die Risiken und sucht Gefahren zu verringern. Dazu muss sie Szenarien aus der Erfahrung haben oder entsprechend vorab durchspielen. Verantwortung hat also ganz direkt mit *Denken und Planen* zu tun.

Sie stellt aber auch klar, dass jede Handlung Folgen hat, die dem Handelnden zugerechnet werden, für die er also „zur Verantwortung gezogen" wird beziehungsweise Lob und

Anerkennung erntet. Mit dieser Zurechnung wird vordergründig nur der offensichtliche Zusammenhang von Ursache und Wirkung bezüglich eventueller Schuld beschrieben. Der Begriff Verantwortung beinhaltet aber speziell, dass die (ethischen) Grundregeln der Gesellschaft als handlungsrelevante Argumente in die Entscheidungsfindung einbezogen sein müssen. Die Gemeinschaft verlangt somit von allen hinreichend denkfähigen Mitgliedern, dass sie die sozialen Grundgesetze *einschließlich* der Benutzungsvoraussetzung, nämlich dem Prinzip der Verantwortung, akzeptieren und *lernen*. Die Gesetze müssen so gut zugänglich im Gedächtnis verankert werden, dass sie als hoch wirksame zusätzliche Ursachen einigermaßen zuverlässig in die Ursache-Wirkungs-Berechnungen der entscheidenden Hirnstrukturen mit eingehen.

Wenn ich also einen Stein werfe, muss ich nicht nur erstens die physikalischen Gesetze abschätzen können, nach denen der Stein fliegen und dann schließlich seine Bewegungsenergie einwirken lassen wird. Ich muss zweitens auch wissen, dass ich die Verantwortung für die Folgen des Steinwurfs habe, und ich muss drittens wissen, dass ich den Stein grundsätzlich nicht nutzen darf, um einen anderen Menschen zu verletzen. Für die konkreten Folgen eines Treffers einerseits und für die Nichtbeachtung der ethischen Regeln andererseits werde ich zur Rechenschaft gezogen werden. Jeder Erwachsene weiß das (hat das gelernt!), bevor er einen Stein aufhebt.

Es gibt keine Rechte ohne Pflichten. In diesem Sinne bedingen die geistigen Vorzugskapazitäten des menschlichen Gehirns (jedenfalls aus Sicht der Gesellschaft) die Verantwortung. Sobald der Mensch sein potentes Gehirn nutzt, muss er auch die Verantwortung für die Konsequenzen dieser Nutzung übernehmen. Die Gesellschaft erwartet von mir sogar, dass ich umso sorgfältiger meiner Verantwortung Rechnung trage, je größer meine *geistigen Fähigkeiten* sind. Das gilt prinzipiell für die ganze denkbare, offensichtliche Tragweite meiner Entscheidungen. Wenn ich einen Verstand habe, muss ich ihn so umfassend wie möglich einsetzen. Ich muss im Rahmen meiner Verantwortung sogar die begrenzte Fähigkeit meines Verstands hinsichtlich *künftiger* Entwicklungen oder *verborgener* Risiken bedenken: Was könnte passieren, wenn ich ein Kind mit dem Fahrrad zum Einkaufen schicke? Ich schaffe durch die Umsetzung meines eigenen Willens *Ursachen*, deren Wirkungen dann auch zu meinem *Verantwortungsbereich* gehören. Das geht bis zur Haftung für die Streiche der Kinder.

7.8 Das Verantwortungsgefühl wird gelehrt und erlernt

Verantwortung bedeutet also die grundsätzliche innere Einstellung, zuverlässig eine Reihe von Mahn- und Korrekturfunktionen bei allen wichtigen Entscheidungen zu aktivieren. Die Verantwortung eines funktionierenden Verstands bezieht sich damit *nicht nur* auf die *Folgen* seiner Handlungen, sondern ganz speziell auch darauf, dass das Gehirn „im Namen seines Nutzers" die *ethischen Vorgaben* für korrektes menschliches Agieren versteht und akzeptiert, sie also befürwortend in sein Gehirn aufnimmt, und sie in seinen Handlungsplanungen und Entscheidungen sinnvoll berücksichtigt. Diese Einstellung kann und muss der zivilisierte Mensch *lernen*.[10]

Schon bei Kindern und bei Jugendlichen wird durch ständige und hoffentlich verständige Hinweise die geistige Haltung gefördert, die dann jeder Erwachsene haben sollte. Es wird

---

[10] Dies erinnert daran, dass man auch die Grammatik der Muttersprache praktisch nebenbei erlernt, automatisch. Häufiges Sprechen und das Lesen guter Literatur sind von Vorteil, aber die Sprachgewohnheiten im Elternhaus und unter den Jugendlichen der Umgebung sind zunächst ausschlaggebend. Auch für eine verantwortungsbewusste Lebensführung sind lebenslang Vorbilder entscheidend. Der Mensch lernt nachweislich sehr viel durch Nachahmung.

eine Art Sollwert für die planerische Konzeption sein, an der jede Handlung intern, unbewusst und automatisch gemessen und gewertet wird. Bei vielen (nicht nur jugendlichen) Missetätern finden wir sie nur rudimentär ausgebildet.[11]

Die Gesellschaft gibt also Ursachen vor, die in die Gedächtnisspeicher eingebracht werden müssen. Sie übt mit uns allen die Einstellungen zur Verantwortung und deren zuverlässige Anwendung ein, damit wir diese im konkreten Fall in unsere Überlegungen und Entscheidungen einbeziehen. Sie sorgt sich um die zuverlässige Programmierung des „ethischen Gehirns" ihrer Mitglieder.

Die Verantwortung möchte ich also (im Gegensatz zu Jonas) einbauen in das rein materialistische Konzept der eigenen Willensbildung, das ich hier entwickelt habe, nämlich der faktischen Freiheit des Menschen. Verantwortung begleitet und reguliert seine gefährliche Fähigkeit, durch Denken und Planen die Ursachen für sein eigenes Handeln zu schaffen oder wenigstens zu selektieren.[12] Aus eben dieser gewaltigen Potenz ergibt sich nämlich erst die persönliche Verantwortung für alle *Folgen* von daraus resultierenden Entscheidungen. Wenn keine metaphysische Kraft einwirken kann, ergibt sich für ihn die volle Haftung. Ausnahmen sind allenfalls bei angeborenen oder krankhaften Mängeln bei der Qualität der Hirnleistung zu entschuldigen.

---

[11] Meines Wissens gibt es noch keine einschlägigen Untersuchungen über Steuersünder. Sie handeln jedenfalls bewusst *und* wissentlich verantwortungslos gegenüber der Allgemeinheit. Aber ihr schlechtes Gewissen dürfte sich in Grenzen halten. Individuell wie in der öffentlichen Meinung ist ihr Vergehen emotional so schwach bewertet, dass eventueller Abscheu aufgewogen wird durch die Freude über den egoistischen Gewinn.

[12] T. Buchheim definiert zum Beispiel als eine freie Tätigkeit eine solche, die sowohl bewusst als auch „bejaht, also absichtlich oder gewollt" sei. Betrachten wir die Definition unter dem Gesichtspunkt eines eigenen Willens: Wenn man den gewaltigen Bereich egoistischer Handlungsantriebe, die natürlich bejaht sind, zu denen addiert, die aus ethischer Verantwortung wirksam werden, darf man die Menschen zu einer sehr weitreichenden Freiheit beglückwünschen. Dass man durch *irgendwelche* Faktoren festgelegt ist, kann selbst Singer nicht meinen.

7.9 Verantwortung und Charakterschwäche

Verantwortung kann man durch Vereinbarungen oder durch Zuteilung einer Position übertragen *bekommen*. Der Lehrer hat aus seinem Amt heraus die Verantwortung für die korrekte Ausbildung seiner Schüler. Beim Vorarbeiter bezieht sich die Verantwortung zum Beispiel in mancherlei Hinsicht auf die Tätigkeit seiner Untergebenen und ihre Folgen.

Verantwortung kann man aber auch aktiv *übernehmen*, wenn man meint, ausreichend umfassend die Determinanten eines Vorhabens zu kennen und *unter Kontrolle* zu haben, zum Beispiel: Ein Chirurg übernimmt die Verantwortung für die Durchführung einer Operation oder ein Babysitter für die Beaufsichtigung eines kleinen Kindes.[13]

„… unter Kontrolle zu haben": Das Kontrollieren ist oft schwierig, weil es auf eine Vorhersage der Zukunft hinausläuft und damit auf möglichst klare Kausalitätsbeziehungen angewiesen ist. Einerseits werden die externen Entwicklungen nicht vollständig bekannt sein können. Andererseits ist die Kontrolle schwierig bezüglich gewisser eigener charakterlicher Unwägbarkeiten. Damit meine ich nicht nur die Triebtäter. Bei jedem sind eher unterschwellige intrinsische, also aus dem Gehirn stammende Einflüsse wie Eitelkeit, Selbstüberschätzung, Impulsivität, Ehrgeiz, am Werke. Der Leser könnte die Liste schnell verlängern.

Ein jahrelanges, vielleicht sogar lebenslanges Aufbauen und Festigen geistiger Schranken gegen persönliche Charakterschwäche aller Art hat sich als nötig und dennoch als gelegentlich zu schwach erwiesen. Man denke an den „gesunden" Sexualtrieb, der bei manchem und mancher auch beste Vorsätze

---

[13] Übrigens: Selbst der Staat übernimmt gelegentlich eine Verantwortung, zum Beispiel für die rechtzeitige und ausreichende Ausbildung seiner jungen Bürger, *indem* er Kindergärten einrichtet und sogar eine allgemeine Schulpflicht beschließt.

überspielt. Jeder kennt Beispiele, und die Philosophen weisen seit Jahrtausenden darauf hin. Die angeborenen Bedürfnisse (Triebe) erschweren die Selbstkritik, über die wir in Abschnitt 4.6 gesprochen haben. Aber auch für diese Schwächen im Sozialverhalten sowie für ihre Korrektur trägt der Erziehende wie der Erzogene eine Verantwortung, sobald die Probleme einmal angesprochen und erkannt sind. Schließlich ist Verantwortung eine Art Versprechen, das man sich und anderen gibt.

Insgesamt ist das Prinzip der Verantwortung deutlich komplizierter als hier skizziert (zum Beispiel H. Jonas). Praktische Einschränkungen ergeben sich auch juristisch hinsichtlich der Verantwortungs*fähigkeit* von Jugendlichen unter 17 Jahren, deren zuständige Hirnstrukturen (im Stirnhirn) noch nicht ausgereift sind, und auch bei etwas Älteren, weil sie noch nicht genügend Erfahrung sammeln konnten, oder bei sehr niedrigem Intelligenzquotient. Sowohl beim Lernen als auch bei der Anwendung könnte der Verstand des Verantwortlichen überfordert sein. Der gewollte Missbrauch wird uns noch im folgenden Kapitel beschäftigen.

Abschließend möchte ich einige Punkte noch einmal kurz zusammenfassen:

- Ethische Gesetze werden von der Gesellschaft aufgestellt. Sie sind folglich dem Zeitgeist oder gar speziellen Ideologien unterworfen. Ethische Gebote werden parallel im Transzendentalen vorgegeben.
- Ethische Gesetze werden wie andere Vorschriften gelehrt und gelernt. Sie sollten mit emotionalen Markern tief verankert und oft rekapituliert werden, sodass sie schließlich zu selbstverständlichen Einstellungen und zur Charakterisierung einer inneren Haltung werden.
- Bei der Umsetzung bewährter Verhaltensmuster hat die Intelligenz eine entscheidende Funktion, indem sie im Gedächtnis die aktuell am besten geeigneten Bausteine für Entscheidungen und damit für den eigenen Willen auswählt. Sie

ist ein „Werkzeug" bei der Ausübung von Kompetenzen, und zu denen zählt auch die soziale Kompetenz.
- Verantwortung ergibt sich einerseits aus der riesigen Möglichkeit des menschlichen Gehirns, selbständig richtig zu handeln, und andererseits aus den Geboten der Gesellschaft, die ihm Vorteile bietet und für die er deswegen auch einzustehen hat.
- Verantwortung kann man übernehmen oder zugeteilt bekommen. Wichtig sind die Kontrollmöglichkeiten über die übernommene Aufgabe und ihre voraussichtliche Entwicklung. Entscheidend für die Beurteilung durch Außenstehende ist letztlich die Verantwortungsfähigkeit.
- Es gibt eine Verantwortung dafür, die eigene Verantwortungsfähigkeit weiter zu entwickeln, und zwar insbesondere hinsichtlich sozialverträglichen Verhaltens.
- Die Verantwortung ist eine Art Prüfinstitution, die die Folgen des geplanten und gewollten Handelns überwacht. Sie ermöglicht eine ethische Beurteilung und, falls erforderlich, die Zuordnung von Schuld.
- Verantwortungsbewusstsein ist eine innere Einstellung, die über lange Zeiträume hinweg gelehrt und gelernt werden muss. Es wird vom Gewissen überwacht und kann zu Stimmungen wie Stolz, Schuldgefühlen oder Reue führen.

Verantwortung und ethische Vorgaben werden eine wichtige Grundlage sein, wenn wir im Folgenden über Schuld, Strafe und Reue sprechen.

8
Konsequenzen: Schuld und Strafe

8.1 Schuld- und Schuldausschließungsgründe

Nichtbeachtung ihrer Gebote und Gesetze oder aktives Zuwiderhandeln kann die Gesellschaft auf die Dauer nicht tolerieren. Natürlich ist zunächst zu untersuchen, ob überhaupt eine Schuld vorliegt.[1] Und vor der Feststellung einer Schuld ist es sinnvoll, grundsätzlich die Frage der *Schuldfähigkeit* zu klären, und das ist im Wesentlichen die Frage, ob der Täter überhaupt Verantwortung übernehmen und tragen kann. Für Kinder ist das ganz zu verneinen, für Jugendliche teilweise. Gleiches gilt für viele geistig Behinderte.

Wenn der Täter verantwortungsfähig war, also die Notwendigkeit von Regeln grundsätzlich erkennen und diese verstehen konnte, ergibt sich die Frage nach der Entscheidungsfähigkeit, also ob und wie weit sein *Gehirn* zur Tatzeit *arbeitsfähig* war.

---

[1] Mit diesen Darstellungen will ich nicht in die Praxis der Jurisprudenz eingreifen. Mich interessiert hier nur die Anwendbarkeit der von mir im Zusammenhang dieser Schrift diskutierten neurowissenschaftlichen Überlegungen. Im Mittelpunkt steht sicher weiterhin die Auseinandersetzung mit dem freien Willen und mit der Determinierung. Juristische Gesichtspunkte hierzu werden zum Beispiel von M. Pauen und G. Roth (2008) erörtert.

Jeder weiß, dass die *Zurechnungsfähigkeit* durch Alkohol und andere Drogen dosisabhängig beeinträchtigt werden kann. (Damit ein solcher Zustand als schuldmindernd gilt, darf er nicht absichtlich oder fahrlässig herbeigeführt sein.)

Wenn das Gehirn des Täters nicht korrekt funktioniert, kann die Schuldfähigkeit in mancherlei Hinsicht eingeschränkt sein. Gerade nach Kapitalverbrechen lassen sich schon heute in der Mehrzahl der Fälle *Hirnschäden* nachweisen (H. J. Markowitsch), die sehr wahrscheinlich zum Abweichen vom Normverhalten und so zur Straftat beigetragen haben. Eine umfangreiche Zusammenstellung relevanter Hauptfaktoren für gewalttätiges strafrechtsrelevantes Verhalten hat G. Roth vorgelegt (2006). Der Anteil solcher Störungen an der Tat ist freilich meistens schwer zu bestimmen. Nachweismethoden werden aber rasch optimiert, die Erfahrung mit ihnen wird wachsen.

Andererseits muss man sich vor dem Umkehrschluss hüten, dass Veränderungen am Gehirn notwendig Untaten bedingen. Doch ist zum Beispiel sehr eingehend untersucht und demonstriert worden, dass mechanische Schädigungen am vorderen Stirnhirn (*Präfrontalhirn*) die Beachtung sozialer Regeln erschweren oder unmöglich machen. Man diagnostiziert dann oft eine „antisoziale Persönlichkeitsstörung". Wurden diese Strukturen schon in jugendlichem Alter zerstört, ist von Anfang an das *Erlernen* allgemeiner sozialer Regeln nicht möglich (A. Damasio).

Bei Sexualstraftätern vermutet man gelegentlich Abweichungen in der Regulierung des Hormonhaushalts. Anführen kann man in diesem Zusammenhang auch eine emotionale Stumpfheit (Gefühlskälte) oder gar Gefühlsblindheit (Alexothymie), der bei Sexualverbrechen eine besondere Rolle zugeschrieben wird: Der Täter kann sich in die Gefühlswelt des Opfers nicht hineinversetzen, also zum Beispiel dessen Abneigung oder Angst nicht erkennen und nicht verstehen.

Verschiedene Krankheitsmechanismen können vorliegen: Die emotionalen Systeme können defekt sein, häufiger kann offenbar der Betroffene auch seine eigenen Gefühle nicht korrekt deuten. Das will der Name *Alexothymie* (Gefühle nicht lesen können) besagen. Es gibt aber auch sehr starke Hinweise darauf, dass die natürliche *Dämpfung* der Gefühlssignale im Stirnhirn (im Präfrontalhirn wird angepasstes soziales Verhalten gesteuert) bei manchen Menschen so stark ist, dass sie dann wegen übergroßer Gefühlskälte rücksichtslos und brutal reagieren.

Und Kleptomanie (zwanghaftes Stehlen) und Pyromanie (zwanghaftes Feuerlegen) gelten seit langem mehrheitlich als krankhafte Veranlagungen. Die Neurowissenschaften sind dabei, derartige erklärende Thesen auf breiter Front durch biochemische und neurophysiologische Daten abzusichern. Ganz allgemein kann eine erbliche Disposition eine richtungweisende Rolle für das Verhalten spielen. Eine gentechnische Nachweismethode mag demnächst entwickelt werden. Man hat sogar schon überlegt, ob eines Tages *in gewissen Konstellationen* ein vorbeugendes (!) Gehirnscreening mit bildgebenden Verfahren zugelassen werden könnte, um dann den Individuen, deren Charakterkonstellation verantwortungsloses Handeln befürchten lässt, eine entsprechende Schulung vorzuschlagen. Bis derartige Vorbeugungsmaßnahmen allerdings Wirklichkeit werden könnten, muss die Wissenschaft noch erhebliche Fortschritte machen und abgesicherte Ergebnisse vorweisen.

Unabhängig davon wird heute nicht mehr ernsthaft daran gezweifelt, dass *Umwelteinflüsse* wie ein kriminelles Milieu und/oder mangelnde oder fehlende moralische Erziehung speziell bei niedrigem rationalem Niveau ein wichtiger Faktor für eine Disposition zu Vergehen aller Art sein können (R. Schepker). Aber auch unter diesen Vorbedingungen wird häufig noch unterstellt, dass sich der Täter mit seinem freien Willen aus derartigen ursächlichen Verkettungen hätte befreien können. Und wenn er bezüglich eines ethisch korrekten Lebenswandels nicht ausreichend unterwiesen worden war, schützt Unkenntnis nach heutiger Rechtsprechung nicht vor Strafe. Das ist gegenüber Tätern aus sozialen Randzonen oder aus bildungsfernem Milieu nicht nur eine harte Haltung. Aber es gilt bis heute die grundsätzliche Unterstellung, dass er ja mit seinem freien Willen anders hätte handeln können.

In der hier von mir vertretenen materialistisch-kausalen Weltordnung wäre diese Einstellung beim Ersttäter eher ungerecht. Ob er ausreichend Gelegenheit zur Entwicklung einer sozialverträglichen Einstellung gehabt hatte, wäre im Einzelfall zu prüfen. Das Strafmaß allerdings sollte man, wie weiter unten noch auszuführen ist, davon nicht abhängig machen, wohl aber die Art der anschließenden pädagogischen Beeinflussung.

8.2 Drei Konzepte der Schuld

Ein Täter, der vorsätzlich handelte und keine eindeutige geistige Behinderung aufzuweisen hat, muss als „schuldig" gelten. Aus seinem Wollen ergibt sich nach herrschender Lehrmeinung seine Schuld.[2] Sofern keine Schuldausschließungsgründe vorliegen und er zurechnungs- beziehungsweise schuldfähig ist und ihm die Tat eindeutig zuzurechnen ist, geht es um die Frage, ob er *vorsätzlich*, also willentlich, straffällig, wurde oder ob er *fahrlässig* handelte, das heißt einen Tatbestand herbeiführte, ohne es ausdrücklich zu wollen und ohne um die Folgen zu wissen.

Beschäftigen wir uns zuerst mit der *vorsätzlichen* Tat. Wir können als Beispiel den Elektromonteur aus Kapitel 1 nehmen,

---

[2] Man hört und liest immer wieder von *moralischer* Schuld. Die Jurisprudenz bewertet nicht Moral, sondern Übertretungen des Gesetzes. Rein formal müsste die moralische Verfehlung in einem Gesetz verfolgt werden.

der absichtlich das Rotlicht überfuhr. Hatte er Schuld? An dieser Stelle konkurrieren drei Theorien. Es geht um die Frage, ob

    a) er einen freien Willen hatte,
    b) sein Tun radikal determiniert war,
    c) er sich seiner Verantwortung bewusst war und einen eigenen Willen hatte (wie ich das in diesem Buch begründe).

Zu a) Die klassische Jurisprudenz sagt eindeutig: „Ja, der Elektromonteur hat schuldhaft gehandelt, weil er gegen Vorschriften beziehungsweise Gesetze verstoßen hat." Das darf man nicht. Ein anderer an seiner Stelle hätte das nicht gemacht.[3] Der Schuldbegriff berücksichtigt im Strafrecht nicht die *Folgen* einer Tat, sondern das *Motiv*, das zu ihr geführt hat. Ein Gesetz brechen zu *wollen*, das ist verwerflich. Hier werden die *Absicht und das Motiv* beurteilt. Nach herkömmlicher Ansicht hat ein Täter Schuld wegen des falschen Einsatzes seines freien Willens. Es wird unterstellt, dass er gewusst hat, dass er unabhängig von eiligen Aufträgen im Straßenverkehr größte Sorgfalt walten lassen muss, dass auch Radfahrer Rechte haben, dass private Wünsche zurückzustehen haben. Er hat Vorschriften missachtet, Verantwortung vermissen lassen. Er hatte es nun mal so gewollt. Der Richter urteilt, dass er es auch anders hätte machen können. Der *Wille* ist die Voraussetzung, denn nur dann hätte er anders wollen und anders handeln können. Die Unterstellung eines freien Willens, über den wir in Kapitel 1 ja ausführlich gesprochen haben, macht jedenfalls die Verurteilung wegen einer vorsätzlichen Tat logisch.

---

[3] Der Richter unterstellt dabei, dass der Täter selbst dieses andere Verhalten hätte wollen können, nur sagt er es nicht, weil er es nicht nachweisen könnte.

Zu b) Wie wir anfangs dargestellt haben, hat die moderne Neurowissenschaft die Existenz eines freien Willens schon seit Jahrzehnten mehr oder weniger radikal bestritten und hat dies auch belegt. Im Vordergrund steht nun die Rolle der Kausalität. Jede Wirkung hat Ursachen. Und Ursachen gab es im vorliegenden Fall reichlich: Einerseits hatte der Täter sich von seinem Chef antreiben lassen, weil dieser wiederum von einer wichtigen Kundin um Eile gebeten worden war, da sie schnell ihre Kühltruhe angeschlossen haben wollte, und dies hatte wiederum offensichtliche Gründe. Andererseits wollte er selbst schnell fertig werden, weil er sich mit seiner Freundin im Kino verabredet hatte, und vorher wollte er doch noch duschen, sein Zimmer aufräumen und Bier kaufen. Dem Leser wird die Denkweise des jungen Mannes bekannt vorkommen. Sie ist nicht falsch, sie ist im Alltag üblich. „Schuld" war demnach das Zusammentreffen vieler Ursachen.

Durch das Herausstellen der Determinierung entstand jene konzeptionelle Unsicherheit in der Jurisprudenz, die ich schon angesprochen habe: Wenn denn die ganze Welt *determiniert* wäre, wenn also alles Geschehen durch die notwendige Abfolge von Ursache und Wirkung *festgelegt* wäre, könnte der Einzelne auch nicht für seine Taten verantwortlich gemacht werden, ob sie nun gut oder schlecht waren. Insbesondere könnte er keine Schuld auf sich laden, denn er selbst hat das Geschehen ja nicht gerade so arrangieren können, wie es gekommen ist. Aber er müsste sich auch nicht von sich aus um eine Änderung seiner psychosozialen Einstellung bemühen, weil auch sie durch Ursachen längst festgelegt wäre. Nur wenn ihm das zum Beispiel vom Gericht eindeutig auferlegt würde, wäre das eine Ursache für künftige Bemühungen um Besserung.

8 Konsequenzen: Schuld und Strafe

Und wer von Ursachen bestimmt wird und damit letztlich in allem und jedem determiniert ist, könnte prinzipiell keine Schuld haben, nur weil er Gebote nicht beachtet. Vielleicht wurden sie ihm nicht ausreichend nachhaltig gelehrt, sodass sie als Ursache zu schwach waren. Aber auch seine Erzieher träfe keine Schuld, weil auch sie durch determinierende Ursachen geführt wurden. Wenn Naturgesetze und das Gesellschaftssystem keine ausreichenden Gegenmaßnahmen bereitgestellt haben, ereignen sich eben Straftaten „schicksalsmäßig". Einem gefährlichen Fatalismus wäre der Boden bereitet.

In der Jurisprudenz findet der Disput um den Determinismus also eine gewichtige *praktische Relevanz*. Die Diskussion kommt trotz vieler „kompatibilistischer" Überlegungen nur zögerlich voran. Aber in der Realität der *Strafjustiz*, also bei der konkreten Bemessung des Strafmaßes im Einzelfall, hat die determinismusbedingte Frage nach dem Sinn von Schuld und Strafe schon heute erhebliche Beachtung dahingehend gefunden, dass man besser zu erziehen versucht, anstatt zu strafen.

Zu c) Liebe Leserin, lieber Leser, Sie haben erfahren, dass ich reichlich Argumente habe, einen autonomen freien Willen aus einer metaphysischen Welt abzulehnen. Aber sie konnten hoffentlich auch nachvollziehen, dass der Mensch durch eine Fülle zerebraler Mechanismen eine fast grenzenlose Freiheit hat *trotz* seiner Einbindung in die reale, vom Prinzip „Ursache und Wirkung" regierte Welt. Und sie haben hoffentlich die logische Konsequenz erkannt: Aus dieser enormen Vielfalt von mentalen Möglichkeiten erwächst dem Menschen seine *Verantwortung*, aus dieser geistigen Potenz erwächst seine *Pflicht* zur Beachtung der Regeln der Gemeinschaft. Der eigene Wille ist nicht frei von der Kausalität, aber er nutzt sie unter Einschluss ethischer *Argumente*, und er kann dann ganz natürlich zu eben dem Ergebnis gelangen, das man nur mit einem freien Willen für erreichbar gehalten hat.

Also hatte der Beschuldigte durch die großen Freiräume, die ihm sein eigener Wille ermöglicht, auch eine moralische Schuld. Er hatte Verantwortung übernommen, er hatte die Fahrerlaubnis mit allen ihren Konsequenzen angestrebt und erreicht, kannte also die Regeln, hatte keine aktuelle Beeinträchtigung seiner Gehirnleistung.

Die vielen einwirkenden Ursachen erhalten durchaus ein Gewicht beim Tathergang und bei dessen Beurteilung. Aber für die Schuldfrage geht es um den Umgang mit der *staatsbürgerlichen Verantwortung*. Er wurde seiner Verantwortung nicht gerecht, folglich war eine „Strafe" in Form einer intensiven Schulung fällig, um die ethischen Kräfte in seinem Gehirn zu stärken (zusätzlich zu eventuell verwirkten zivilrechtlichen Konsequenzen).

8.3 Das „Verantwortungspostulat"

Die praktische Umsetzung dieser theoretischen Erwägungen sollte klar sein: Aus dem Determinismus müssen keine Zugeständnisse für einen Täter abgeleitet werden. Jeder Mensch hat viele Möglichkeiten, Ursachen auszuwählen, zu umgehen, neu zu schaffen. Sein eigener Wille profitiert ganz entscheidend von seinem Verstand, der aber immer auch das Wissen um eventuelle Fehler vorhält. Den kann und muss er zur Vermeidung von Gesetzesübertretungen einsetzen. Muss er wegen seiner *Verantwortung*. Die allerdings muss er nachhaltig gelehrt bekommen, wie wir festgestellt haben.

Ohne ausdrückliche Absicht ist deswegen auch schon immer in die jugendlichen Gehirne eine Art „Selbsterziehungsmodul" eingebracht worden: „Du bist *selbst* auch für die Optimierung deines Charakters *verantwortlich*, insbesondere musst du stets an ein korrektes Verhalten in der Gesellschaft und an eventuelle Konsequenzen bei Fehlern denken und dich um entsprechende Einstellungen bemühen." Alle sollten bewusster als bisher eine starke *intrinsische Motivation zur sozialen Verantwortung* nach diesem Muster anerzogen bekommen. Jeder könnte seine emotionalen Marker kraftvoll und gezielt trainieren und dann gegebenenfalls einsetzen.[4] Je freier eine Gesellschaft ist (und damit alle ihrer Mitglieder), desto mehr Verantwortung muss sie von jedem einfordern!

In der klassischen Strafjustiz erfolgt die Schuldzuweisung meist auf der Basis des „Freiheitspostulats", das darauf abhebt, dass der Täter (eben wegen seines freien Willens) auch anders hätte handeln können. Aufgrund meiner Überlegungen könnte man zu einem „*Verantwortungspostulat*" übergehen: Der Täter hatte nicht nur die Verantwortung für seine Tat, sondern aufgrund dieser Verantwortung schon vorher auch die Verpflichtung, sich an die Regeln der Gesellschaft zu halten *und* sich in ihrer Befolgung (bejahend) zu üben.

Mit dem Prinzip, dass die Gesellschaft die *Verantwortung* fördert und lehrt, kann eine säkularisierte Gesellschaft bezüglich ihrer alltagspsychologischen Vorstellungen vom Wollen sehr eindeutig auf dem Boden der realen physischen Welt bleiben und die Ebene der Metaphysik vermeiden. Der Täter hat einen *eigenen* Willen, den er infolge von vielerlei Ursachen optimieren kann und dann auch vertreten muss. Am Umfang der Schuld würde sich kaum etwas ändern: Ob mit *freiem* Willen oder mit *eigenem* Willen, der Täter hat willentlich gehandelt und muss die Folgen tragen. Und in beiden Fällen handelte er auch gegen ethische Gesetze, ob sie nun religiös, philosophisch oder sozial begründet waren.

---

[4] Auch so muss man wohl das Grundrecht auf Selbstbestimmung (Grundgesetz Artikel 2 Absatz 1) auslegen. Jedenfalls ist keine „Gehirnwäsche" gemeint. Aber es besteht konkreter Handlungsbedarf, nicht nur für eindeutige Gesetze, sondern (als deren Basis) mehr noch für klare weltanschauliche Konzepte.

8.4 Gleiches Strafmaß bei freiem und eigenem Willen

Ich will dies nun auch noch am Beispiel der Strafbemessung verdeutlichen. Die Problematik metaphysischer Vorstellungen in der Strafjustiz hat R. Merkel sehr übersichtlich und ausführlich dargestellt und zu rechtfertigen gesucht. Beim *eigenen* Willen sehe ich dagegen keine Schwierigkeiten für die Rechtfertigung von Strafen bei Schuld.

Ein einfaches Beispiel ergibt sich im Bereich des *Straßenverkehrs*. Der künftige Teilnehmer wird in der Fahrschule sehr ausführlich über Rechte und Pflichten informiert und hat reichlich *wiederholte* Gelegenheit, geeignete Engramme in seinem Gedächtnis abzuspeichern und zu verstärken, die ihn künftig in allen einschlägigen Situationen als Argumente für die richtige Entscheidung dienen können. Die genügend starke emotionale Gewichtung der Argumente wird durch Androhung unangenehmer Konsequenzen angestrebt: Geldbußen, Punkte in Flensburg, eventueller zeitweiliger Entzug der Fahrerlaubnis.

In der Fahrprüfung werden die ausreichende Abspeicherung im Gedächtnis und die situationsgerechte Zugänglichkeit dieser Argumente für die Intelligenz und die korrekte Verwendung bei der Gewichtung von Entscheidungen in adäquaten Konstellationen *überprüft*. Das gilt nicht nur für den rationalen Bereich (das theoretische Wissen), sondern auch für den emotionalen (das tatsächliche Verhalten im Verkehr, zum Beispiel Bezähmung des Geschwindigkeitsrausches). Die Eignung wird schließlich amtlich *bescheinigt*.

Das Prinzip dieser Regelungen hat sich millionenfach über Jahrzehnte hinweg bewährt, wenn auch Einzelbestimmungen angepasst werden mussten. Es besteht *keinerlei Grund, von dieser Praxis abzuweichen*, nur weil sich die theoretische Konzeption der Entscheidungsfindung ändert, weil man also bei naturwissenschaftlicher Argumentation nicht mehr aufgrund freier

8 Konsequenzen: Schuld und Strafe

Willensbildung, sondern aufgrund kausal wirksamer Konstellationen im eigenen Gehirn die Entscheidungen für das individuelle Verhalten in den wechselnden Konstellationen der Umwelt findet.

Ich muss in diesem Zusammenhang nochmals auf unsere Erkenntnisse von Kapitel 4 zurückkommen, auch wenn es hoffentlich alle Leserinnen und Leser schon verstanden und akzeptiert haben: Jeder Mensch mit einem ausreichend funktionsfähigen Gehirn kann im Zusammenspiel von äußerem Einfluss und eigenem Nachdenken, also im Zusammenspiel von Belehrung und aktiver Verarbeitung der ihm gelehrten Inhalte, in seinem Gehirn wirksame Begründungen und eben auch Gesetze, Vorschriften und Warnungen speichern, die ihn künftig befähigen, im Sinne der Belehrung zu entscheiden. (Verkehrs-)Erziehung beruht auf dem Bestreben, so viele und so kräftige Argumente im Gehirn zu verankern, dass Fehlverhalten äußerst unwahrscheinlich wird. Ich erinnere ein letztes Mal an den Elektromonteur und seinen Leichtsinn, also sein mangelhaftes Verantwortungsbewusstsein.

Wenn jemand aber genügend oft über die Regeln des Straßenverkehrs gesprochen hat, wenn er ihre Gültigkeit innerlich akzeptiert, also mit positiven Markern versieht – weil ja auch seine eigene Sicherheit von der Befolgung abhängt, weil im Falle der Zuwiderhandlung Nachteile bis zum Entzug der Fahrerlaubnis drohen und er auch diesbezüglich Emotionen abspeichert („Ich möchte den Führerschein nicht verlieren.") –, wenn er schließlich in seinem Gehirn über eine große Zahl von Argumenten verfügt, die ein sozialverträgliches Verhalten vorzeichnen sollten, dann kann, ja dann muss man im Falle der Zuwiderhandlung den angedrohten Maßnahmenkatalog auch konsequent anwenden.

Diese vielleicht etwas zu ausführliche Darlegung und Diskussion eines Beispiels möchte ich nun breit verallgemeinern: Alles, was gelehrt oder gar geprüft und bescheinigt wurde, kann und muss bei späterer Bemessung der Schuld und Strafe voll als bekannt vorausgesetzt werden. (Vorgebliches) Nichtwissen schützt nicht vor Strafe. Ich erinnere daran, dass man früher nach Abschluss der höheren Schule ausdrücklich ein *Zeugnis der Reife* erhielt. Jeder (!) Schulabschluss sollte charakterliche Reife bescheinigen, jede Schule sollte das Wissen über die eigene ethische *Verantwortung* zu ihrem wichtigsten Ziel machen.

In vielen Lebensbereichen mag eine nachhaltig wirksame Belehrung und/oder Beratung der Beteiligten nicht so wirksam und eindeutig möglich sein wie in der Fahrschule. In einem bildungsfernen Umfeld ist sie sogar wenig wahrscheinlich und muss dann im Einzelfall geplant werden.

Der Freiheitsentzug sollte dann aber nach herrschender Praxis bemessen, jedoch nur (unter der Voraussetzung eines eigenen Willens) zur Stärkung der Verantwortlichkeit nach Möglichkeit in voller Länge zur *Erziehung* im Sinne der Verankerung relevanter Rechtsvorstellungen genutzt werden. Bei Ersttätern mag man davon ausgehen, dass die Unterweisung fehlte und daher erst noch zu erfolgen hat. Der Ersttäter, der seiner Umwelt und der unzureichenden Erziehung die Schuld für sein Fehlverhalten zuschreiben möchte, sollte daher künftig nicht mit besonderer Nachsicht, sondern mit besonders intensiver und meist zeitaufwendiger Belehrung zu rechnen haben, im Bedarfsfalle in geschlossenen Anstalten.

Das Kind, das *erstmals* im Supermarkt beim Stehlen erwischt wird, sollte man nach meiner Meinung aus gesellschaftlicher Verantwortung heraus *sofort* so intensiv wie möglich nacherziehen, natürlich unter guten pädagogischen Kautelen, aber demonstrativ und nachdrücklich. Dies ist dann auch ein klares Signal an das eigentlich verantwortliche Elternhaus und an die Schule. Wartet man (wie üblich) mehrfache Wiederholungstaten und ein höheres Alter ab, ist jedenfalls aus der Sicht des Nachlernens oft schon die einzige Chance vertan.

Der *Wiederholungstäter* ist durch herkömmlichen Strafvollzug allein kaum noch zu beeindrucken und von weiteren Straftaten abzuhalten. Dies zeigen sehr viele Statistiken der Rückfallquoten in bedauerlicher Deutlichkeit. Will man meine Erklärungen in Kapitel 4 in solchen Fällen berücksichtigen, müsste nur hinsichtlich der begleitenden pädagogischen Maßnahmen unterschieden werden zwischen geplanter, *vorsätzlicher* Tat und einer Handlung auf überwiegend *emotionaler*, anlagemäßiger Basis.

Hatte der Täter genügend Zeit und Verstand für vorbereitende Maßnahmen, dann hatte er auch Gelegenheit, die Unzulässigkeit seines Tuns zu erwägen. Man wird in herkömmlicher Weise umso härter „strafen" (also länger eine Belehrung versuchen), je häufiger er straffällig wurde. Und stand er bereits vor Gericht, gilt die Ausrede unzureichender Information über Verantwortung und Ethik ohnehin nicht.

Natürlich wird die Gesellschaft auch bei starrköpfigen *Wiederholungstätern* noch an einer festeren Verankerung rechtsstaatlicher Grundsätze im Gehirn des Täters interessiert sein, ihn also einem gezielten pädagogischen Auffrischungsprogramm zuweisen. Man wird, soweit möglich, keine Chance für eine Besserung auslassen. Man wird raffinierte beziehungsweise intelligente Praktiken mit Anreizen und Strafen ausarbeiten müssen, die die aktive Mitarbeit des Täters induzieren, denn lernen kann nur er selbst. Und das könnte sehr lange dauern, weil häufig sehr viele argumentative Grundlagen, also Einsichten in die Notwendigkeit von sozial angepasstem Verhalten, eventuell sogar die nötigen Sprachkenntnisse fehlen.

8.5 Auch bei Fahrlässigkeit ist Verantwortung zu fordern

Bis hierhin habe ich bewusst nur auf *vorsätzlich* schuldhaftes Handeln abgehoben, um die Diskussion nicht unnötig kompliziert zu gestalten. Bei vorsätzlicher Tat sind das Wissen und Wollen des Täters das entscheidende Schuldelement. Wenn er die

Tat und ihr Ergebnis wollte und man Wissen und Wollenkönnen für ein straffreies Handeln unterstellt, ist die Schuld eindeutig begründet.

Bei der Schuldform *Fahrlässigkeit* hat der Täter *nicht* bewusst böswillig gegen die Rechtsnorm verstoßen wollen. Er war schlicht leichtsinnig gegenüber den Voraussetzungen und den Tatfolgen. Er kannte nicht die Folgen, weil sie nicht zu seinem Plan gehörten, aber er hätte sie wissen, vorhersehen und vermeiden *können*. Es war eine Pflichtwidrigkeit, ob durch Gefährdung oder Unterlassung, es war eine *Verletzung der Sorgfaltspflicht*, ohne dass wir hier auf Einzelheiten eingehen müssen. Bei Wissensmöglichkeit hätte er das beachten und sein Handeln danach ausrichten müssen.

Wenn der Wille nicht zur fahrlässigen Tat gehört, gehört diese auch nicht zum Thema dieser Untersuchung über den freien Willen – vordergründig jedenfalls. Aber: Bei der fahrlässigen Tat geht es um eine Vernachlässigung der Sorgfaltspflicht und damit ebenfalls um die *Verantwortung* des Täters zum einen gegenüber der Einhaltung der Rechtsnorm. Zum anderen muss sich jeder Mensch aber auch bemühen, seine *unbewussten* Reaktionen im Griff zu haben. Das ist auch eine Frage seiner Verantwortung, und zwar als Mitglied der sozialen Gemeinschaft. Aus mangelhaftem Bemühen resultiert dann die Schuld. Und damit fällt die fahrlässige Tat eindeutig ebenfalls unter mein oben vorgeschlagenes „Verantwortungspostulat". Aus meiner Sicht hat der fahrlässig Handelnde seine Verantwortung allenfalls etwas weniger ausgeprägt vernachlässigt als der vorsätzliche Täter. Die Schuld unterscheidet sich vorwiegend quantitativ.

Diese Auffassung wäre insbesondere vorteilhaft angesichts offensichtlicher *Zwischenstufen*, in denen zum Beispiel der bewusste Wille zur Tat geleugnet wird und nicht nachweisbar, aber nach den Umständen zu vermuten ist. Ich hoffe daher, dass mein Konzept fruchtbar und nützlich für künftige Überlegungen innerhalb der Jurisprudenz ist, auf die ich natürlich keinen direkten Einfluss nehmen will. Ich möchte hier nur die wichtigsten Konsequenzen andeuten, die sich aus dem Konzept eines „eigenen" Willens und eines „Verantwortungspostulats" ergeben mögen.

8.6 Verantwortung von Triebtätern?

Bis zu diesem Punkt sind wir davon ausgegangen, dass der Täter *bewusst* handelt. In diesen Fällen ist das Prinzip Verantwortung der richtige Ansatz. Dies kann jedoch nicht vorausgesetzt werden, wenn eine Tat *unbewusst* oder jedenfalls nicht geplant veranlasst worden oder zustande gekommen sein sollte, also eine Impuls- oder *Spontanhandlung*. Immerhin kann man bei einer Spontanhandlung unterstellen, dass durchaus einschlägige Überlegungen, wenn auch nicht unmittelbar, dann doch irgendwann vorausgegangen sein dürften, die nun ohne nochmaliges Nachdenken umgesetzt wurden. Ich meine, dass man bei dieser Vermutung davon ausgehen kann, dass genügend Argumente gegen die Ausführung auch dieser Tat im Gehirn des Täters zur Verfügung standen. Er hat sie nicht genutzt. Eine Nacherziehung ist folglich gerechtfertigt, wenn auch nur zur Förderung von mehr Besonnenheit, also zum Training seiner emotionalen Intelligenz. Sie hätte nämlich das Muster „erst einmal innehalten und nachdenken" verwenden müssen (Abschnitt 4.6 und Abb. 4.5).

Bei einer *Impulshandlung* dagegen ist nach üblichem Sprachgebrauch eine zu starke *Emotion* der direkte Anlass zum Handeln. Wenn man nach Lage der Umstände und nach Beurteilung der Persönlichkeit des Täters davon ausgehen muss, dass seine *Triebstruktur* einen überwiegenden Ausschlag bei seiner Entscheidung zum Fehlverhalten gegeben hat, ist im „Strafvollzug" die Wirksamkeit einer belehrenden kognitiven Einflussnahme, also über den Verstand, grundsätzlich schwierig.

Ein pädagogisches Programm zum „Abgewöhnen" unzulässiger Angewohnheiten wird aufgrund der Lernmechanismen längere Zeit in Anspruch nehmen müssen und zweckmäßig in geschlossenen Anstalten angestrebt werden. Aber ein Versuch ist nicht minder wichtig, weil der Verstand stärker sein kann (!) als das Vegetativum. Die Dauer ist schon aus Gründen der Abschreckung vorab sehr großzügig zu bemessen, unverändert nach heutigen Kriterien, denn dieser Triebgesteuerte ist nach meiner Hypothese gerade so schuldig wie ein Triebtäter bisher.[5] Nach meiner Ansicht sollten im Affekt begangene Taten nicht besonders milde beurteilt werden (sofern kein schwerer Hirnschaden nachgewiesen werden kann). Im Rahmen seiner Verantwortung (!) hat jeder Mensch auch die Pflicht, seine überschießenden Emotionen in seine (verstandesmäßige) Gewalt zu bekommen, und zwar täglich. „Ausrutscher" sind dann als *Misserfolg* dieses pflichtgemäßen Bemühens zu werten, und zwar im Straffall wie im Alltag (!) und insbesondere aus Sicht der Opfer.

Vielleicht sollte man gerade bei einer derartigen Tatkonstellation daran erinnern, dass der ungewöhnlich intensiv emotional agierende Täter ja gewöhnlich selbst ein *Schuldgefühl* hat, wie wir dies in Kapitel 5 besprochen haben. Dieses Schuldgefühl wird man nutzen, man setzt es schon heute gezielt pädagogisch ein. Es unterstützt wie jede Emotion den Lernerfolg.

8.7 Abschreckung und die „empfindliche" Strafe

Strafe wird schon immer auch aus Gründen der *Abschreckung* verhängt, häufig nicht nur zur Abschreckung vor einer Wiederholungstat, sondern auch zur Abschreckung von Nach-

---

[5] Vor sehr gefährlichen, besonders vor kranken Straftätern wird man in jedem Falle die Öffentlichkeit schützen müssen. *Sicherheitsverwahrung* wird (eines Tages?) dann gerecht angeordnet werden können, wenn ein klarer Zusammenhang zwischen einem dauernden Hirnschaden und der Straffälligkeit erwiesen werden kann.

8 Konsequenzen: Schuld und Strafe

ahmungstätern. Die Wirkung entspricht der psychologischen Erfahrung des Alltags. Ich erinnere an den Weintrinker in Abschnitt 4.2 und seine Angst vor einem Alkoholtest und dem Führerscheinentzug. Jeder Mensch hat die Wirkung der Abschreckung schon erfahren. Sobald eine gravierende Straftat bekannt wird, ertönt aus eben diesem Grunde in allen Medien der Ruf nach einer Erhöhung des Strafmaßes. *Gegen*stimmen machen dann aber nicht naturwissenschaftliche oder psychologische Argumente geltend, sondern verweisen darauf, dass man die bestehenden Gesetze nur konsequent anwenden müsse. Sie wollen also auch Abschreckung, vielleicht sogar Vergeltung.

Die Androhung einer angemessenen Strafe soll das Wissen vom *Risiko* einer entsprechenden Tat vergrößern. Die Information wird im Gehirn gespeichert und sollte bei entsprechender Gelegenheit als wirksames Argument gegen die Entscheidung zur nächsten Straftat dienen. Das ist neurophysiologisch korrekt gedacht: Wir hatten ja mehrfach erwähnt, dass vor und während einer Entscheidung das Risiko mitberechnet wird. Allerdings ergibt sich aus Abbildung 3.1 auch, dass der Täter im Rahmen des *Optimismus* in der Planungsphase davon ausgeht, dass er nicht gefasst wird. Er verdrängt alle abschreckenden Folgen. Das entspricht der Alltagserfahrung.

Andererseits: Wer von der angedrohten Strafe hört und gar darüber *diskutiert*, speichert in seinem Gehirn jedes Mal das Argument ab, durch die Wiederholung wird es verstärkt, und die Intelligenz kann es hoffentlich im entscheidenden Augenblick richtig verwerten. Statistiken bestätigen zwar, wie erwähnt, die Erfahrung, dass Abschreckung (in Form von Freiheitsentzug) eigentlich nur bei Kindern und Jugendlichen beeindruckt und wirkt („Denkzettel"), nicht jedenfalls bei impulsiven oder geistig kranken Menschen, kaum bei mehrfach bestraften Wiederholungstätern und nicht bei potentiellen Selbstmordattentätern. Vielleicht hätte manche Belehrung pädagogisch geschickter durchgeführt werden können. Ich erinnere an die Feststellung, dass bei Menschen, die auf der Basis von Hirnschäden wenig oder gar keine Angst haben, die Abschreckung kein sehr wirksames Mittel sein kann. Immerhin: Auch wenn nur ein Teil der potentiellen Täter abgeschreckt werden kann, sollte man das positiv sehen und als Erfolg buchen.

Eine „Strafe" sollte also prinzipiell (in Abwandlung des eigentlichen Begriffs) als *Erziehungsinstrument* gelten, das den Gestrauchelten zur Einsicht bringen soll. Aber sie darf durchaus (im übertragenen Sinne) „weh tun". Sie soll durchaus zu *emotionalen Reaktionen* beim Täter führen. Wir hörten ja schon: Erinnerungen haften besser im Gedächtnis, wenn sie von starken Emotionen begleitet werden, und werden dann auch eher wieder erinnert.

Bei den kleinen Verfehlungen des Alltags wird keiner auf die bewährten Wirkungen der Abschreckung verzichten wollen. Wenn das Kind in der Schule gegen Regeln verstoßen hat, wird eine beeindruckende Strafarbeit zur Einsicht und zum Nachdenken anregen, wird Eindrücke erzeugen, die eine Wiederholung unwahrscheinlich machen.

Wenn der Autofahrer *vor* dieser Schule die wegen der Kinder angeordnete Geschwindigkeitsbegrenzung übertreten hat, werden Punkte in Flensburg und eine empfindliche Geldstrafe ebenfalls nutzbringendes Nachdenken und Erinnerungen mit kräftigen emotionalen Markern zur Folge haben, vorausgesetzt, die Grundeinstellung zur Straftat ist erwartungsgemäß. Wenn es nicht gelingt, den Sinn der Geschwindigkeitsbegrenzung als Voraussetzung der Strafe verständlich zu machen, wenn der Bestrafte uneinsichtig ist und nur über hinterlistige Polizisten, über Abzocke und den Überwachungsstaat schimpft, ist üblicherweise mit Strafe allein wenig zu gewinnen, und man muss Bemühungen um die Erziehung zum verantwortungsbewussten Bürger voranstellen.[6]

---

[6] Wenn er zum Beispiel nachts geblitzt wurde und nun geltend macht, dass die Geschwindigkeitsbegrenzung vor der Schule sinnlos sei, weil die Kinder, derentwegen man langsam fahren soll, längst zu Hause im Bett sein müssten, ist zu überlegen, ob es wirklich zur Bejahung des Rechtsstaates beiträgt, wenn zu dieser Zeit die Geschwindigkeit überwacht wird.

Bei den meisten Straftätern wird man schon aus Erfahrung die Gefahr von Wiederholungstaten (und häufig einer Eskalation) unterstellen und folglich aus der von mir vertretenen rationalistischen Sicht – ganz nüchtern neurologisch denkend – anstreben müssen, Defizite in der Erziehung und Ausbildung zur sozialen Grundeinstellung *vorbeugend* auszugleichen. Besonders die Verantwortlichen unserer Gesellschaft müssen diese Erfordernisse erkennen und schnellstens auf Gegenregulierung sinnen. Nur müssen wir uns auf eine *sehr lange Übergangszeit* bis zu einer zuverlässigen Akzeptanz der Erkenntnisse über Verantwortung und eigenen Willen in unserer Gesellschaft einstellen.

Ganz scharf sollte man sich allerdings gegen alle Argumente einer simplen Auslegung des Determinismus wenden. Kein Verantwortlicher sollte mehr überführten Straftätern das Wort in den Mund legen: „Ich kann gar nichts dafür, es sind die Ursachen, es ist mein Schicksal, man hat mich nicht ausreichend unterwiesen".

8.8 Schuldgefühl und Reue

Schuld kann man vom Richter oder von anderen nachgewiesen bekommen, oder man kann sie selber fühlen. Im zweiten Falle liegt dann eine *Selbstbeurteilung* zugrunde, die zur bewussten oder unbewussten Überzeugung führt, etwas Falsches getan zu haben. Eine *Selbstverurteilung* mit Gewissensbissen, Zweifeln und gegebenenfalls Reue kann die Folge sein. Der ursprüngliche ethische Vorsatz beziehungsweise der ethische Anspruch der Gesellschaft wird als Sollwert zugrunde gelegt und daran die Abweichung bemessen.

Die Einsicht in die eigene Schuld wird von einer Mitreaktion unseres *emotionalen Systems* begleitet. Dass diese Einsicht zum Teil auf dem Gefühl bei angeborenen Bedürfnissen oder auf der Nichterfüllung von Vorgaben beim schlechten Gewissen beruht, haben wir bereits in Abschnitt 4.5 besprochen. Das Schuld*gefühl* kann ein unbestimmtes Unwohlsein, gegebenenfalls auch eine sekundäre Form der Angst sein. Vielleicht fließen auch Wut, Ärger oder Schadenfreude mit ein. Es kann das Lebensgefühl erheblich beeinträchtigen (Gewissensbisse) und ist manchmal von vegetativen Zeichen wie Hitzegefühl („… da wird mir wieder ganz heiß"), Zittern usw. begleitet.

Je größer die Intensität des Begleitgefühls ist, desto größer ist in der Regel der *Lerneffekt*. Wir hatten ja wiederholt erwähnt, dass starke Emotionen zu starker Erinnerung beitragen und bei der Wiedererinnerung auch ihrerseits erneut auftreten. Somit kann der Lerneffekt, der durch die rationale Aufarbeitung der Verfehlung einschließlich Selbstkritik zustande kommt und die eigentliche Begründung einer Strafe sein sollte, durch das Gefühl des Schuldigseins deutlich intensiviert werden. Dies ist entsprechend auch pädagogisch zu verwerten.

Als Kriterium eines erfolgreichen Strafvollzugs wird häufig das Bekenntnis des Täters gewertet, dass er seine Tat bereue. Ich möchte daher auch diesen Jahrtausende alten Begriff unter den Kriterien eines eigenen Willens betrachten. *Reue* ist in erster Linie ein rationaler Begriff. Reue setzt die kritische Auseinandersetzung mit allen Einzelheiten der selbst begangenen Tat und die *Anerkennung einer Schuld* voraus. Die Überlegungen müssen dann zu einem Bedauern des eigenen Verhaltens führen, und zwar möglichst nicht (nur) im Sinne eines Selbstmitleids. Die Tat wird im Nachhinein mit dem ursprünglichen ethischen Anspruch an das eigene korrekte Verhalten, also mit dem Vorsatz verglichen und dann als verwerflich beurteilt. Im Idealfall entsteht der Wunsch, das Getane ungeschehen oder wieder gutzumachen.

Ehrliche Reue ist tatsächlich das erfreuliche Resultat einer erfolgreich verbüßten Strafe, aber sie ist keine Garantie für künftige Charakterstärke. Leider ist sie bislang nur aufgrund

8 Konsequenzen: Schuld und Strafe

der Äußerungen des Täters zu vermuten beziehungsweise einzuschätzen. Es ist möglich, dass die Neurowissenschaft eines Tages zuverlässige Tests entwickelt. Bis dahin belegen Reueschwüre besonders in Haftanstalten zunächst nur, dass der Täter erkannt hat, dass die Gesellschaft von ihm eine rationale Aufarbeitung seiner Tat und ein Bekenntnis zu ihren Grundsätzen erwartet. Man wird diese *Einstellung* als potentiell lehrreich begrüßen und langfristig repetierend mit ihr arbeiten müssen, um vielleicht tatsächlich eine Sinnesänderung in Form einer echten *Einstellung* zu erzielen. Und diese wiederum müsste so weit verstärkt werden, dass sie gegebenenfalls in der Realität der Freiheit stärker ist als alle Versuchungen (!).[7]

In diesem Abschnitt über Schuld und Strafe ändert sich somit letztlich durch die Theorie vom *eigenen* Willen, wenig gegenüber einer klassischen Rechtsauffassung, die von einem freien Willen ausgeht, also die Möglichkeit des potentiellen Täters unterstellt, einfach auch anders handeln zu können. Wenn er schließlich seine Strafe absitzt, soll er seine Schuld einsehen. Dem Täter sollen zusätzliche „Ursachen" (auf pädagogischem Wege) gelehrt werden, die die Entscheidung zur nächsten Tat vereiteln. Das Einführen zusätzlicher Gegenargumente wird bei meiner Theorie des eigenen Willens und der Verantwortung aufgrund einer Analyse der wichtigsten Gehirnfunktionen in den Mittelpunkt gestellt. Viele weitere Überlegungen anhand weiterer Erkenntnisse der Wissenschaft wären noch möglich, aber sie würden am Prinzip nichts ändern. Letztlich geht es darum, die Ziele der Gesellschaft und damit den Vorteil aller umzusetzen.

---

[7] Ich weiß, dass meine Vorschläge viel zusätzliches Fachpersonal erfordern. Es kann nicht kurzfristig zur Verfügung gestellt werden. Aber es könnte ja sein, dass schon eine bloße Umorientierung bisheriger pädagogischer Konzepte Verbesserungen im „Straf"-Vollzug ermöglicht.

Auch am Schluss dieses letzten Kapitels möchte ich dessen wichtigste Aussagen noch einmal kurz zusammenfassen:
- Das Gehirn steuert grundsätzlich alles Verhalten, es ist für den korrekten Ablauf verantwortlich. Deshalb verwundert es nicht, dass Gehirnschäden eine Ursache von Fehlverhalten bis hin zu Straftaten sein können. Die Gerechtigkeit erfordert, sie nachzuweisen und zu berücksichtigen.
- Sozialverträgliches Verhalten muss gelehrt und verinnerlicht werden, also zum Beispiel die Beachtung von Eigentumsrechten oder die Rücksichtnahme auf Mitmenschen. Fehlende oder fehlerhafte diesbezügliche Informationen im Gedächtnis führen sonst zu Fehlverhalten.
- Im Zusammenhang mit der Diskussion um Willen und Ursachen ist interessant, ob der Täter nicht nur schuldig ist, sondern *schuldhaft* gehandelt hat. Dann geht man nämlich von einem Motiv und seinem Willen aus. Wenn der Täter Gesetze oder andere Vorschriften vorsätzlich verletzt hat, trifft ihn die Strafe des Gesetzes.
- Vorsätzliches Handeln kann einem nur vorgeworfen werden wegen eines freien oder eines eigenen Willens. In beiden Fällen trägt man die Verantwortung. Vernachlässigung derselben rechtfertigt, eine Schuld zu konstatieren und sie zu ahnden.
- Bei fahrlässigem Fehlverhalten ist kein (freier) Wille, keine Absicht im Spiel, sehr wohl aber mangelhafte Verantwortung. Hier greift also auch das „Verantwortungspostulat".
- Man sollte besonders die Jugendlichen nicht nur ständig an ihre Verantwortung erinnern, damit sie eine entsprechende Einstellung bilden, sondern vor allem daran, dass sie selbst verantwortlich dafür sind, ihr Verantwortungsgefühl zu stärken. Die Verpflichtung ergibt sich hauptsächlich aus ihrer Fähigkeit, nachzudenken und ihre Argumente selbst zu formen.
- Auf die Frage nach der Schuld hat die theoretische Differenzierung zwischen freiem und eigenem Willen wenig Einfluss. Das Gleiche gilt für das Strafmaß.

8 Konsequenzen: Schuld und Strafe

- Der landläufige Irrtum, einen freien Willen zu haben, trägt direkt zum Eingeständnis der eigenen Schuld bei. Dieses Schuldgefühl wiederum kann zur pädagogischen Beeinflussung der Täter eingesetzt werden, auch wenn es auf einer unrichtigen theoretischen Voraussetzung beruht.
- Abschreckung kann als Erziehungsinstrument gelten, indem dann im Gedächtnis Argumente gegen Straftaten abgelegt oder verstärkt werden. Die Intelligenz kann diese dann gegebenenfalls als Gegengrund in den Entscheidungsprozess (für oder gegen die Tat) einbringen.
- Strafe darf im übertragenen Sinn „weh tun", also emotional beeindrucken, denn in Gegenwart starker begleitender Emotionen haften Gedächtniseinträge fester und werden später auch leichter erinnert.
- Bei Unterstellung eines *eigenen* Willens kommt der Bemühung um die Bildung oder Korrektur der Einstellung zu sozialverträglichem Verhalten eine sehr große Bedeutung zu.
- Reue setzt eine kritische Auseinandersetzung mit der Tat und die Anerkennung der eigenen Schuld voraus. Sie könnte in einer Änderung der grundsätzlichen Einstellung resultieren. Dies könnte aber erst als Erfolg der Resozialisierungsbemühungen gewertet werden, wenn sie stark genug ist, sich den Versuchungen in der Realität wirksam und zuverlässig zu widersetzen.

Wir erkennen also grundsätzlich folgende Relevanz der Thesen dieses Buches für die Justiz:
- Wenn man einerseits akzeptiert, dass die Naturwissenschaften unsere Welt korrekt darstellen und dass folglich an der Zuständigkeit der Kausalität in dieser Welt kein Zweifel bleibt,
- wenn man aber andererseits die wichtigsten Möglichkeiten unseres Gehirns bezüglich der Manipulation von Kausalitäten durchschaut,

- und wenn man erkennt und umsetzt, dass die Gesellschaft gerade wegen der Fähigkeit von integrierendem Lernen im System von Verantwortung und Ethik ein bewährtes Lenkungsinstrument besitzt,

dann ändert sich wenig an den Prinzipien von ethischer Verantwortung, Straffähigkeit oder Strafmaß. Der Determinismus ist dann angesichts der Hirnleistung keine Ausrede mehr für die Verursachung von Straftaten und kein Argument gegen angemessene Bestrafung, die Tat bleibt vorwerfbar. Das Unbehagen über den Determinismus kann überhaupt wieder verdrängt werden, wenn man anstatt des freien Willens einen potenten eigenen Willen unterstellt. Das Gefühl für Unrecht und gerechte Strafe behält seinen Stellenwert. Strafe erfährt nur eine gewisse Umdeutung durch die verstärkte erzieherische Aufgabe. Die Gesellschaft erhält, wenn sie ethische Gesetze vorgibt, auch eine größere Verantwortung für die ethische Haltung aller ihrer Mitglieder einschließlich der Straftäter.

Schlussbetrachtungen

„Das ethische Gehirn": der Buchtitel will herausstellen, dass das Gehirn großartige und selbst ethische Leistungen konzipieren und veranlassen kann, weil es zu denken und zu wollen vermag.

Das Gehirn und damit der Mensch kann (theoretisch) alles wollen, was sein Verstand oder seine Phantasie sich vorstellt, und er kann so viel von diesem Wollen später in Handeln umsetzen, wie sich mit der Realität verträgt. Der Mensch kann nicht selbst fliegen, aber er kann fliegen wollen und er kann sich das nötige Zusatzgerät konstruieren. Sein Wille ist *praktisch frei*. Diese Fähigkeit zu wollen, galt es darzustellen – natürlich unter der Bedingung der Kausalität.

In der Gesamtheit ist diese Leistung des Gehirns so gewaltig, dass gerade die größten Denker sie als eine Art Geist Gottes aufgefasst haben. Sie haben der Evolution, also der Natur, eine derartige Entwicklung nicht zugetraut. Die Bewunderung bezieht sich nicht nur auf das Wollen, aber ihm kommt eine zentrale Bedeutung zu in der geistigen Welt.

Die Menschen sind sich seit Jahrtausenden ihrer geistigen Kraft bewusst. Probleme gab es allerdings, als man sich das Funktionieren dieses geistigen Wollens vorzustellen versuchte angesichts der naturwissenschaftlichen Erkenntnis von der uneingeschränkten Gültigkeit der Kausalität und des daraus folgenden Determinismus. Schon der bloße Gedanke an die Vorbestimmtheit allen Geschehens einschließlich des menschlichen Denkens brachte die Freiheitsliebenden auf die Suche nach übernatürlichen Freiheitsgraden für den Geist. Beachtliche indeterministische Gedankengebäude wurden in theologischen und philosophischen Debatten errichtet und ständig umgebaut.

Wenn man viele Jahrhunderte des Nachdenkens zusammenfasst und von polemischen Seitenhieben absieht, hat die Philosophie das Problem aufgezeigt und aus allen denkbaren Perspektiven analysiert, wie es sich aus den dualistischen Vorstellungen über das ethische Wollen auf der metaphysischen Ebene einerseits und dem wachsenden Erkenntnisvolumen auf der physischen Ebene andererseits ergab. Ein strammer Determinismus, der nicht alle verfügbaren Erkenntnisse der Psychologie berücksichtigt, konnte keine praktikable Antwort der Naturwissenschaften sein, das zeigte sich besonders beim Versuch der Anwendung in der Jurisprudenz.

Ich bin überzeugt, dass jetzt genügend Daten aus den Neurowissenschaften und insbesondere aus der empirischen Psychologie vorliegen, um diese dualistische Diskrepanz aufzulösen. Auf dieser Basis habe ich versucht, eine Reihe aufschlussreicher Erkenntnisse in eine zweckdienliche Reihenfolge zu bringen. Ich will dabei den Dualismus von geistig-seelischer und physisch-realer Ebene, also das Leib-Seele-Konzept, nicht aufheben, denn für religiöse Lehren ist ein Dualismus notwendig. Ich habe nur den Willen, das Denken, die Verantwortung und Anteile der Ethik aus der Metaphysik herausgelöst, soweit sie offensichtlich Phänomene der realen Welt sind.

Ich stehe natürlich zur Kausalität und ich akzeptiere gemäß dem heutigen Erkenntnisstand die Determiniertheit. Meine Ausführungen dürfen auch nicht als Kompatibilismus missverstanden werden. Ich wollte zweierlei aufzeigen: Zum einen gewähren die biologischen Gesetzmäßigkeiten dem Individuum so unvorstellbar viele Möglichkeiten für persönliche Einflussnahme, dass die Vorbestimmtheit als theoretisches Konstrukt hinter der Vielfalt der Manipulierungsmöglichkeiten zurücktritt und in dieser Hinsicht vernachlässigt werden könnte. Zum anderen erfordern diese Naturgesetze,

Schlussbetrachtungen

dass das Individuum seine Freiheiten auch nutzt. Es setzt seinen Verstand mehr oder weniger aktiv ein, *vor* dem Handeln und auf mehr oder weniger sozialverträgliche Weise.

Die naturgesetzlichen Weichen sind so gestellt, dass jeder Mensch mit seiner Zeugung in einen determinierten Entwicklungsprozess eingefügt wird, den er trotz aller Willenskraft nicht aufheben kann. Aber die gewaltige Zahl der Nervenzellen des Gehirns, die riesige Zahl von Verbindungs- und Kombinationsmöglichkeiten dieser Zellen und die astronomische Zahl von verschieden Molekülen, die zwischen und in diesen Neuronen interagieren, sind auf dem Wege der Phylogenese in neue, *biologische* Gesetzmäßigkeiten eingebunden, die vielseitige, aber *geordnete* Freiheitsgrade ermöglichen.

Absolute Freiheit wäre etwas anderes. Freier Wille hätte eine Tendenz zu Willkür, Wahrscheinlichkeit, Zufall. Auch biologisch, also aus der Perspektive der Evolution gesehen, wäre es nachteilig, wenn der Mensch überhaupt die Fähigkeit hätte, irgendeine Alternative völlig frei zu wählen. Er würde zu viele Fehler machen. Das materialistische Konzept vom eigenen Willen zwingt demgegenüber zur *Wahl der besten Alternative*. Allerdings muss diese dafür sorgfältig als solche gekennzeichnet sein. Dabei helfen zunächst einmal die emotionalen Marker.

Durch die Möglichkeit, die vorhandenen Kausalitäten emotional zu werten und zu gewichten, wurde schon vor Jahrmillionen (bei den Tieren) mit dem Entstehen und der Weiterentwicklung von Gehirnen eine neue Verfahrensweise im Ursache-Wirkung-Geschehen in der Natur erreicht. Individuell vorteilhafte Handlungsoptionen können dadurch bevorzugt genutzt werden. Man kann sagen, dass mit dieser Fähigkeit zum subjektiven Gewichten ein *neues Naturgesetz* entstand, das das Wählen zwischen verschiedenen Kausalbedingungen ermöglicht und damit die Überlebenschancen der Besitzer von Gehirnen mit entsprechend hohem Organisationsgrad um eine ganze Dimension steigert. Die optimale, unter den aktuellen Umständen besonders vorteilhafte Verhaltensweise zu kalkulieren und umzusetzen, ist fortan der Hauptzweck von Gehirnen.

Der Effekt wird verstärkt durch intrinsische *Motivationen* besonders in Form der Triebe beziehungsweise der angeborenen Bedürfnisse. Sie treiben Tier und Mensch, aktiv zu sein, und generieren damit einen entscheidenden Teil des *Wünschens* und *Wollens*. Neugier und Risikofreude wurden als die stabilsten Charaktereigenschaften beim Menschen ermittelt. Damit entsteht ein weiterer individueller Psychomechanismus zur *Durchsetzung des eigenen Vorteils*, aus der Sicht der Evolution wieder ein „Vorteil für die eigenen Gene".

Damit ist auch das *aktive Bemühen* um zweckmäßiges Verhalten, das *Suchen* nach dem rechten Weg, nach Erfolg und Lebensfreude ein konstitutiver Teil dieses „biologischen Kausalsystems", in dem wir leben und von dem wir profitieren. Die zerebralen Mechanismen einer Vorteile gewährenden „Kausalselektion" funktionieren also nur, wenn man ihre Regeln auch aktiv einsetzt. Dieser aktive Einsatz wird ebenfalls gefördert durch das *Gewissen*, das als Verstärker besonders der sozialen Vorgaben wirkt. Zum „Programm" der phylogenetischen Gehirnentwicklung gehören offensichtlich nicht nur der blanke Egoismus und der Fortschritt, sondern auch Einsicht und Weisheit.

Wir haben uns verdeutlicht, dass die Fähigkeit zum Denken und zum virtuellen Planen in die Zukunft keine absolute, aber eine interessante „Art von *Freiheit*" eröffnet im Vergleich mit der strikten Kausalität der unbelebten Natur. Alles wird denkbar durch freies, allerdings assoziierendes Kombinieren vorhandener Gedankeninhalte. Die ganze Welt scheint nun manipulierbar, große Teile werden es tatsächlich.[1]

---

[1] Streng genommen hat allerdings „die Evolution" mit der Fähigkeit zum *Kombinieren* von Argumenten nur ihr schon bewährtes grundsätzliches Prinzip erneut angewendet: Auch aus der variablen Kombination von Atomen zu einer riesigen Welt verschiedener Moleküle ist Neues entstanden. Und auf einer höheren Stufe, nämlich der Biologie, entstand eine stufenförmige Weiterentwicklung durch *Neukombinationen* in der Genetik.

Wir haben in diesem Zusammenhang gesehen, dass es Argumente gibt, das *Bewusstsein* in einer gehobenen Rolle zu sehen. Gefühlsmäßig scheint es die oberste *Befehls*zentrale des Gehirns zu sein, die entscheidet und die Ziele ausgibt. Es wird aber wahrscheinlicher, dass die Entscheidungen selbst in untergeordneten Netzwerken des Gehirns errechnet werden, während im „Vorstellungsraum" die gegenüber den Tieren höhere und grundsätzlich neue Funktion des *bewussten logischen Planens* und der sprachlichen Kommunikation angesiedelt ist. Sie eröffnet gewaltige Räume, Experimentierbereiche, in denen mit den Bausteinen der deterministischen Welt jongliert werden kann. Das virtuelle Erstellen von künftigen Szenarien oder das gedankliche Rekapitulieren und die taktische Neukombination von Gedächtnisinhalten bedeuten grenzenlos *erscheinende* mentale Bewegungsmöglichkeiten.

Das *Selbstbewusstsein* schließlich beurteilt dieses Können aus höchster Warte. Es imponiert als eine Direktionskompetenz für das Denken in diesem „Vorstellungsraum", vermittelt das Empfinden des souveränen Schalten-und-Walten-Könnens. Ein sehr leistungsfähiges Erinnerungsvermögen unterstützt eine zielgerichtete, sogar eine sozial angepasste Verhaltensplanung. Das daraus resultierende Wollen erfährt nur eine *unüberwindbare Grenze* durch die Naturgesetze. Immerhin wird der konkrete Bewegungsraum mit technischen Mitteln ständig erweitert.

Die Fähigkeit zur Weitergabe an andere Artgenossen mittels *Sprache* erweiterte für den Menschen die Möglichkeiten vorteilhaften Verhaltens noch einmal um eine quantitative Dimension und stellte damit wiederum eine *neue biologische Naturgesetzlichkeit* dar, die die Determiniertheit variieren und relativieren kann. Sie ermöglichte die Schaffung eines „kulturellen Überbaus", erweitert sozialverträgliches und insbesondere auch altruistisches Entscheiden und Verhalten.

In Anbetracht der beachtlichen Chancen, die sich für den Menschen mit seinem hochentwickelten Gehirn aus dem intelligenten (egoistischen) Umgang mit der Kausalität ergeben, sollte der Determinismus viel von seinem Schrecken verlieren. Erfolg, Selbstwertgefühl und Lebensqualität entspringen dieser geschickten Nutzung. Ein freier Wille muss also gar nicht unbedingt gefordert werden. Der eigene Wille bietet ausreichende Möglichkeiten, findet lediglich in den *Naturgesetzen* die schon aufgezeigte Grenze.

Die Vorstellung von einem eigenen Willen, wie er von mir hier definiert wird, finden wir bei genauerem Hinsehen als festen Bestandteil der Alltagspsychologie: Jedermann wendet die Redeweise „ich will" in der Überzeugung an, dass er seine Gründe für dieses Wollen hat, dass er im Vorfeld die *Ursachen geprüft* und die Motivation für angemessen eingestuft hat. Er kalkuliert einerseits ein, dass er in die Kausalität ganz selbstverständlich eingebunden ist, dass diese also stets und überall gilt, und setzt andererseits mit einem großen Vertrauen darauf, dass er große Möglichkeiten hat, in dieser Welt gerade *seine* Vorhaben durchzusetzen und letztlich *seine* Ziele zu erreichen.

Die technische Realisierung des Gewollten ist nur möglich in einer arbeitsteiligen *Gemeinschaft*. Die unschätzbaren Vorteile einer Gesellschaft erfordern allerdings eine Regelung des Zusammenlebens ihrer Mitglieder durch Gebote, Gesetze, Anordnungen. Sie bedeuten eine *zweite Grenze* für das zu neuen Zielen strebende Wollen.

Diese zweite, durch die kollektiven Einsichten der Mitglieder aufgebaute Grenze ist zwar normativ gesetzt, aber in ihrer Schriftform durchaus real. Sie garantiert dem individuellen Wollen einerseits Rechte und Freiheiten, erfordert aber auch Rücksichtnahme auf die *Rechte der anderen*. Die Etablierung der Gebote und Pflichten in den Gehirnen aller Mitglieder erfolgt durch Lehren und Lernen. Es werden kausal wirksame Gedächtnisinhalte eingefügt, die jedem Gehirn letztlich ethisch akzeptable Entscheidungen ermöglichen.

Die möglichst generelle Anwendung der (ethischen und sachlichen) Anordnungen der Gesellschaft wird mit Hilfe des *Prinzips Verantwortung* angestrebt. Auch dieses Postulat muss gelehrt und gelernt werden. Das Gelernte ermöglicht jedem Einzelnen, in seinem Wollen die ethischen Gebote der Gemeinschaft zu berücksichtigen. Zuwiderhandeln erzeugt ein schlechtes Gewissen und reale Schuld. Der eigene Wille ist dadurch gekoppelt mit einem Wissen über die eigenen moralischen Fehler.

Mit der Gesetzgebung der Gesellschaft bis hinein in die ethische Dimension habe ich einen Teil der *Ethik* als eine durchaus „irdische" Angelegenheit deklariert. Damit soll nicht verkannt werden, dass es bei der Vorgabe ethischer Gebote eine sehr fruchtbare „Interessengemeinschaft" zwischen den Glaubenslehren und der weltlichen Gesellschaft gab und gibt. Diese will ich mit meinen naturwissenschaftlich geprägten Überlegungen auf keinen Fall aufkündigen. Letztlich sind es alles verantwortungsbewusste Menschen, die sich sowohl auf der weltlichen als auch auf der weltanschaulichen, transzendentalen Schiene um ein ehrenwertes und/oder gottgefälliges Verhalten bemühen, bei sich selbst und bei anderen.

Da die Gemeinschaft auf das Einhalten ihrer Regeln sehr real angewiesen ist, hat sie einerseits die Verpflichtung, diese Regeln in wirksamer Form in die Gehirne aller Mitglieder zu pflanzen. Gegenüber Mitgliedern, deren Wollen dennoch nicht diesen Vorgaben folgt, hat sie (wieder gemäß einem entsprechenden Konsens der Mitglieder) dann aber auch das Recht, die Nichtbeachtung zu ahnden. Sie muss alle Täter, die von ihrer Verantwortung nicht ausreichend Gebrauch machen, einem nachhaltigen Läuterungs- und Belehrungsprogramm unterwerfen. Parallel hat die Gesellschaft die Pflicht, ihre Mitglieder vor den Missetätern mit ihren nicht sozialgerecht funktionierenden Gehirnen zu schützen.

Allerdings müssen wir angesichts der geschilderten „neuen" Naturgesetze der Phylogenese eines festhalten: Kausal sehr wohl bedingt ist der natürliche *Egoismus* eines jeden, und der trägt meist erheblich zum Fehlverhalten bei. Der gewaltige biologische Drang zum persönlichen Vorteil dominiert alle anderen Kausalgesetze, und zwar im individuellen wie auch im globalen Bereich. Der Mensch nützt die Möglichkeiten der Vorteilsnahme bis zur Gefahr der Selbstvernichtung. Den überbordenden Egoismus gilt es einzudämmen *mit Hilfe des Verstandes*.

Dem Menschen ist mit seinem Verstand sogar die *Verpflichtung* erwachsen, Gegenstrategien, die längst von der Gesellschaft, ohne die er nicht existieren kann, entwickelt wurden, nachhaltig einzusetzen. Seit Jahrtausenden bestehende Gebote und Gesetze gründen auf der Möglichkeit der Gehirne, auch *sozialverträgliche* oder gar *altruistische* Argumente zu lernen, nachhaltig zu gewichten und sie im entscheidenden Augenblick zweckmäßig einzusetzen.

Betrachten wir das Problem abschließend von der *hohen Warte der Evolution*: Die Natur hat mit dem menschlichen Gehirn eine Möglichkeit zur Neukombination von vorhandenen Faktoren geschaffen, die diejenige in der Genetik weit übertrifft. Sehr viel mehr neuartige Variationen können in viel kürzerer Zeit mit dem Verstand gedacht und auch realisiert werden als durch *Mutation und Zellteilung* auf der Basis der Genetik.

Aber das beschert auch Probleme: Offensichtliche Fehler bei der Neukombination führen *in der Genetik* zum Tod des Produkts: Der Fehler wird getilgt. Nicht so bei der Generierung von falschen Gedanken. *Gedankliche* Fehlentwicklungen zerstören sich nicht selbst. Sie können sich sehr nachteilig und gelegentlich global auswirken, wie jeder weiß. In der Gedankenwelt sind nur *korrigierende Gegengedanken* zum Heilen von Fehlentwicklungen möglich. Nur mit positiver Geisteskraft lässt sich der Nachteil des Egoismus neutralisieren. Noch bleibt die Jahrtausende alte Hoffnung, dass das „mentale Programm" der Natur über den gewaltigen zivilisatorischen Fortschritt, von dem wir alle profitieren, hinaus letztlich zu einem Überwiegen verantwortungsbewusster Einsicht und Weisheit führen könnte: mit dem eigenen Willen der Menschen!

Wir sind am Schluss meiner Überlegungen angelangt, und ich muss mich nun fragen, was sie letztlich gebracht haben.

- Wahrscheinlich konnte ich in einem Jahrhunderte währenden Disput um den freien Willen und den Determinismus zwischen Geistes- und Naturwissenschaften eine Brücke schlagen. Es bleibt zwar noch reichlich Detailarbeit. Aber: sollte sich die Brücke als tragfähig erweisen, könnte man dieses auf andere Weise offenbar nicht lösbare Problem hinter sich lassen und dringendere Fragen unserer Zeit in Angriff nehmen.
- Für die Menschen im Alltag ändert sich kaum etwas. Sie denken ohnehin im Sinne ihres eigenen Willens. Nur derjenige, der über sein Wollen Genaueres wissen möchte, kann nun komplizierte, aber fundierte (neurowissenschaftliche) Erklärungen finden.
- In der Jurisprudenz kann man aufatmen. Das unbequeme Schreckgespenst des Determinismus ist entlarvt und bis zum Vernachlässigen zurückgedrängt. Im Prinzip jedenfalls führt der eigene Wille zu gleichen Konsequenzen hinsichtlich Schuld und Strafmaß wie der freie. Viele Einzelfragen der geforderten Belehrung habe ich offen gelassen. Die Fachleute werden praktikable Lösungen finden.
- Im Erziehungssystem schließlich renne ich *offene Türen* ein. Vielleicht habe ich aber einige schlagkräftige Argumente geliefert für den ständigen Kampf um ausreichende Ressourcen speziell für Erzieher und Ausbilder. Denn das eigentliche Problem, das sollte klar geworden sein, liegt hier, liegt jetzt und in absehbarer Zukunft in der Implementierung einer zuverlässigen und nachhaltigen *ethischen Einstellung* bei einer genügend großen Mehrheit der Menschen.

Und das Problem wird größer. Hier wirksame Maßnahmen zu konzipieren und umzusetzen, ist eine gemeinsame Aufgabe für Geistes- *und* Naturwissenschaften. Sie ist es für engagierte Philosophen und Juristen, für Pädagogen und Psychologen, für Neurologen, Pharmakologen und viele andere, auch für Politiker.

Längst weit offene Türen renne ich ein. Alle, die der Schlüsselfunktion von ethischer Einstellung und Verantwortung zustimmen, sind eingeladen mitzugehen.

Glossar

Nicht alle im Text erklärten Begriffe sind im Glossar aufgeführt (siehe Index).

Adaptieren, Adaptation
Anpassung in dynamischen Prozessen. Bei Organismen kann das im Rahmen der Entwicklung, aber auch im Rahmen von Training oder an Umweltbedingungen geschehen.

Adrenalin
Hormon aus dem Nebennierenmark, steigert Puls und Blutdruck, erweitert die Luftwege, mobilisiert Energiereserven besonders durch Fettabbau, reguliert die Organdurchblutung (zum Beispiel Minderung der Darmtätigkeit). Im Gehirn wirkt es als Neurotransmitter zwischen adrenergen Neuronen und Adrenorezeptoren. Hebt unter anderem die Stimmung, macht „kampfbereit".

Affektiv
Von Emotionen, besonders von Stimmungen bestimmt. Als Affekt bezeichnet man einen Zustand emotionaler Erregung, in dem verstandesmäßiges Handeln beeinträchtigt sein kann.

Altruismus
Bewusste Verfolgung der Vorteile eines anderen oder des Gemeinwohls, also selbstloses, uneigennütziges Handeln. Wichtiges ethisches beziehungsweise moralisches Postulat, geht über soziale Rechte und Pflichten hinaus. Verinnerlichter Altruismus wird zur Stimme des Gewissens.

Amygdala
Lat. die Mandel, Kurzform für Corpus amygdaloideum. Siehe Mandelkern.

Anatomie
Darstellung von Größe und Lage der Organe von Lebewesen, Beschreibung von Struktur der Gewebe und ihrer Zellen. Gegensatz ist die Physiologie, die die Funktionsweise der Körperteile untersucht.

Apathie
Teilnahmslosigkeit, Leidenschaftslosigkeit, Niedergeschlagenheit, häufig bei psychischen Erkrankungen, besonders bei Depression.

Assoziation
Verknüpfung von ursprünglich isolierten Gedanken, zum Beispiel Ideen, Eindrücken, Erinnerungen. Diese Kombinationen werden im Gedächtnis abgelegt. Lernen funktioniert in weiten Teilen durch Assoziieren.

Attribution
„Zuschreibung" (engl.) von Wirkungen oder Ursachen (Kausalattribution) zu Handlungen oder Wirkungen, hier besonders auch psychologischen Vorgängen.

Autonom
Eigengesetzlich, selbstbestimmt, unabhängig; hier im Text mit der Bedeutung frei von Ursachen, und zwar äußeren und inneren.

Burnout-Syndrom
Ausgebranntsein im Sinne einer schweren Erschöpfung in körperlicher und mehr noch seelischer Hinsicht. Die Symptoma-

tik ist sehr vielfältig, häufig Schlafstörungen, Kopfschmerzen etc. bis hin zu Depression. Ursprünglich ein Problem der „helfenden" Berufe. Führt zu Arbeitsausfall, gegebenenfalls Berentung wegen Arbeitsunfähigkeit.

Cluster
Bündel, Traube, Haufen von ähnlichen oder gleichartigen Teilen eines Ganzen, beispielsweise von (Nerven-)Zellen, aber auch von Daten oder Blöcken auf der Festplatte im PC.

Cortisol, (Gluko-)Kortikoid
Hormon der Nebennierenrinde, „Stresshormon". Fördert die Bereitstellung von Glukose (Energie) im Blut, hemmt Entzündungen in den Geweben und allergische (Abwehr-)Reaktionen. C. wird ins Blut abgegeben, wenn aus der Hypophyse ACTH (adrenokortikotropes Hormon) ausgeschüttet wird.

Deklaratives Gedächtnis
Langzeitwissen, das sich auf Fakten bezieht oder auf Geschehnisse (dann auch als episodisches Wissen bezeichnet). Gegensatz ist das prozessurale beziehungsweise prozedurale Gedächtnis, das viele unbewusste Fähigkeiten speichert (z. B. Radfahren, Schwimmen).

Determinismus
Bezeichnet in der Naturwissenschaft die Tatsache, dass alle Prozesse infolge der Kausalität von Anfang an festgelegt sind. In der Philosophie interessiert besonders die Frage der Abhängigkeit des freien Willens von inneren und/oder äußeren Ursachen. Wenn das Gesetz der Kausalität, also die Determiniertheit, auch für den Willen gilt, gibt es keinen absolut freien Willen. In der Psychologie wird dennoch auf die Bedeutung der Illusion eines freien Willens für Entscheidungen und Selbstwertgefühl hingewiesen.

Empathie
Mitfühlen (wörtlich Mitleiden), die Gefühle eines anderen Menschen verstehen. Die Mimik beziehungsweise Körpersprache des anderen wird nachgeahmt. Hierbei helfen sogenannte Spiegelzellen. Beim Nachahmen entstehen im eigenen Körper die Gefühle, die der andere offenbar ausdrückt.

Empirisch
Aufgrund von Erfahrung gewonnene Erkenntnis. In der Psychologie werden Menschen befragt oder beobachtet, wobei darauf geachtet wird, dass die Umgebungsbedingungen und die Untersuchungsmethoden (zum Beispiel die Fragen) definiert, also (möglichst vorher) festgelegt sind. Häufig statistische Auswertung.

Endogen
Im Inneren des Körpers entstanden, in den Neurowissenschaften speziell vom Gehirn ausgehend. Gegensatz ist exogen.

Engramm
Gedächtnisspur im Gehirn, ursprünglich als konkrete materielle Veränderung im neurologischen Netzwerk gedacht. Heute eher ganz allgemein funktionell im Sinne von Gedächtnisinhalt benutzt, ohne sich auf konkrete neurologische Substrate festzulegen.

Epiphänomen
Nebenereignis einer Ursache, das zusätzlich entsteht, das auch noch auftritt, ohne eine wichtige Funktion im eigentlichen Geschehen zu haben. Bei den Emotionen: Das System hat die biologische Funktion, Körperorgane und Gehirn zu koordinieren. Was man parallel dazu „fühlt", ist kein notwendiger Teil dieser Organisation.

Euphorie
Vom Griechischen für Wohlbefinden, Begeisterung, Freude, Glückszustand.

Euphorisierung
In ein Hochgefühl bringen, meist durch Drogen, aber auch durch körpereigene Endorphine.

Exogen
Außerhalb des Körpers entstanden und auf diesen einwirkend.

Explizit
Ursprünglich ausdrücklich, ausführlich. In der Psychologie werden speziell Gedächtnisvorgänge, die bewusst abgelegt werden und/oder auf verstandesmäßigen Prozessen beruhen, als explizit bezeichnet. Siehe auch implizit.

Extrinsisch
Von außen kommend, beispielsweise ein Reiz oder eine Motivation, die zum Handeln Anlass gibt. Dieses Handeln ist dann „fremdbestimmt". Als derartiger Einfluss können Lob, Anerkennung, Zuspruch, Befehle, Entgelt usw. wirksam sein. Siehe auch intrinsisch.

Exzitatorisch
Erregend, zum Beispiel auf Nervenzellen, die dann ihrerseits wieder aktiv werden können, also einen Nervenimpuls auf andere Neuronen übertragen.

Feedback
Rückmeldung über Fortschritte in einem Prozess. In der Psychologie ist die Betreuung durch einen Coach gemeint, der immer wieder aufkommende Probleme bespricht und aus dem Weg zu räumen hilft.

Final
Vom lateinischen *finis* für „Ende". Auf das Ende bezogen. In der Naturwissenschaft und besonders bezüglich der Evolution nur im Ausnahmefall gebrauchte Denkrichtung, weil man unterstellen könnte, dass die Entwicklung mit einer Absicht auf ein Ziel hin vor sich gegangen wäre.

fMRT
Funktionelle Magnetresonanztomografie (siehe auch MRT). Gegenüber der klassischen, hochauflösenden Darstellung von Strukturen, zum Beispiel des Gehirns, können bei der schnellen funktionellen Darstellung Stoffwechselreaktionen des Gehirns sichtbar gemacht werden, die anzeigen, welche Bereiche gerade aktiv sind.

Frontalhirn
Stirnhirn, also die vordere Hälfte der Großhirnrinde. Siehe auch Präfrontalhirn.

Gehirnscan
Schnittbilduntersuchung des Gehirns. Bei Verwendung der Magnetresonanztomografie (MRT) besteht keine Gefährdung durch ionisierende (Röntgen-)Strahlung. Siehe auch MR.

Gehirnscreening
Durchsuchen, Durchleuchten, Rastern des Gehirns in Schichten und meist in mehreren Ebenen mit Computertomografie oder Magnetresonanztomografie, zum Teil unter Einsatz von Kontrastmitteln.

Hippocampus
Zentral im Gehirn gelegener Kern, besonders wichtige Schaltstation für das Gedächtnis (Konvergenzzentrum).

Implizit
Bezeichnet (Gedanken-)Inhalte, die nicht direkt ausgesprochen werden, sondern in der Grundaussage gewissermaßen „im Hinterkopf" mit enthalten sind, also unausgesprochen dazugehören. In der Gedächtnisforschung werden mit implizit Inhalte bezeichnet, die nicht bewusst gelernt werden, zum Beispiel Gefühle.

Inhibitorisch
Hemmend.

Insula
Teil der Großhirnrinde, der hinter dem sich vorwölbenden (seitlichen) Temporallappen der Hirnrinde verborgen ist. Die Insula gehört zu den phylogenetisch alten (limbischen) Hirnregionen, ist zum Beispiel in die (gefühlsmäßige) Beurteilung von Geruchs- und Geschmacksinformationen eingebunden.

Intrinsisch
Von innen kommend, also im Körper entstanden, wird zum Beispiel im Zusammenhang mit den Motivationen gebraucht. Eigenbestimmt. Siehe auch extrinsisch.

Intuition
Eingebung, Einfall, Geistesblitz. Direkter Zugang zu den Lebensweisheiten, die im Laufe des Lebens zu einem Thema gesammelt und irgendwie vom Gehirn integriert wurden. Einzelheiten sind oft nicht mehr erinnerlich. Höchste Form der Erfahrung, die mit Daten der aktuellen Situation in Verbindung gebracht wird.

Katecholamine
Zu dieser Gruppe von biochemischen Substanzen gehören Adrenalin, Noradrenalin und Dopamin. Sie haben insgesamt

aktivierende Wirkungen auf Kreislauf und Stoffwechsel, werden also bei Belastungen des Körpers ausgeschüttet.

Kausalität
Vom lateinischen *causa* für „Ursache". Bezeichnet die Beziehung zwischen Ursache und Wirkung. Letztere, beispielsweise eine Krankheit, kann mehrere Ursachen haben (multikausal). Da im Bereich der Naturwissenschaften alles Geschehen wenigstens eine Ursache hat, ist andererseits auch alles weitere Geschehen irgendwie festgelegt (determiniert).

Kausalattribution
Ursachenzuschreibung. Die Ursache (Kausalfaktor) eines Ereignisses kann in der Person oder außerhalb (externe Kausalattribution) liegen.

Kinästhetisch
Betrifft den Bewegungssinn, aber auch Lage- und Kraftempfindungen. Die Tiefenwahrnehmung stellt meist unbewusste Informationen für die automatische Regulierung der Körperhaltung oder von Bewegungen zur Verfügung. Die Anpassung derselben an bisher unbekannte Umweltbedingungen wird als Teil von Intelligenzfunktionen angesehen.

Kognitionswissenschaft
Junger Wissenschaftszweig der Forscher verschiedener Neurowissenschaften, die sich mit dem Wahrnehmen, Denken, Lernen, Sprache und Handeln beschäftigen, um neue Zugänge zu den gedanklichen Fähigkeiten des Menschen zu finden.

Konditionierung
Begriff aus der Lernpsychologie, der die Verknüpfung von Reaktionsmustern mit Reizen betrifft. Von klassischer Konditionierung wird gesprochen, wenn eine vorhandene

(unbedingte = nicht bedingte) Reaktion durch Lernen mit einem zunächst neutralen Reiz im Gehirn verknüpft und dadurch zu einem bedingten Reiz wird: Normalerweise sondert der Hund Speichel ab, wenn er Futter bekommt (unbedingter Reiz). Wenn immer eine Glocke gleichzeitig ertönt, lernt er, dass er Fressen zusammen mit dem Glockenton bekommt, verknüpft also den neuen neutralen Reiz mit dem natürlichen. Folglich sondert er schließlich auch bei dem neutralen Glockenton Speichel ab. Der Glockenton ist damit ein konditionierter, bedingter Reiz. Wichtiger ist im Alltag die instrumentelle oder operante Konditionierung. Hier wird durch Belohnung oder Bestrafung ein Verhalten verstärkt. Seine Auftretenswahrscheinlichkeit wird verstärkend (positiv) oder abschwächend (negativ) beeinflusst. Mehrere Unterformen.

Magnetresonanztomografie
Siehe MRT.

Mandelkern (die (!) Amygdala)
Corpus amygdaloideum. Der Mandelkern ist das wichtigste emotionale Zentrum des Gehirns. In etwa zwölf Unterkernen werden die primären Emotionen, besonders die Angst, geschaltet. Hier werden auch die emotionalen Marker generiert. Er ist phylogenetisch sehr alt und liegt deshalb auch sehr zentral im Gehirn.

Makrophysik
Klassische Physik der uns umgebenden Welt, die man gegenüber der Quantenphysik, in der andere Gesetze gelten und die man analog als Mikrophysik bezeichnet, abgrenzen kann.

Mental
Vom lateinischen *mens* für „Verstand". Geistig, verstandesmäßig, gedanklich.

Monoaminsystem
Viele Monoamine sind Neurotransmitter, also Substanzen, die Nervenimpulse übertragen. Sie zeichnen sich chemisch durch eine speziell gelagerte Aminogruppe aus. Dazu gehören: Adrenalin, Noradrenalin, Dopamin, Serotonin, Melatonin, Histamin.

MRT
Magnetresonanztomografie (Tomografie = Schnittbilduntersuchung) erlaubt die schrittweise Untersuchung des Organinneren mit Hilfe von Magnetfeldern, ist also nicht schädigend. Synonym: Kernspintomografie. Bei gleichzeitiger Gabe gewisser Kontrastmittel kann man Funktionen des Gewebes, zum Beispiel seinen Sauerstoffverbrauch, und damit seine aktuelle Aktivität darstellen.

Neuron
Nervenzelle mit ihren zuführenden (Dendriten) und dem (meist einzigen) abgehenden (Axon) Ausläufern. Die Neuronen sind über Synapsen miteinander verbunden (bis zu 10'000 pro Nervenzelle).

Noradrenalin (Arterenol)
Hormon des Nebennierenmarks, erzeugt Blutdrucksteigerung und Erregung, wird auch von bestimmten (sympathischen) Nervenzellen des vegetativen Nervensystems freigesetzt und dient im Gehirn als Transmitter für spezielle Informationen. Dort hat Noradrenalin besonders im Locus caeruleus mit der Aufmerksamkeit zu tun.

Ontogenese
Beschreibt die Entwicklung eines Individuums von der Eizelle bis zum fertigen Organismus. Ontogenetisch kann man auch nur die psychische Entwicklung eines Menschen beurteilen. Siehe auch Phylogenese.

Phylogenese
Entwicklung der Tierstämme von vorgeschichtlichen einfachen Organismen bis hin zum Menschen. Phylogenetisch kann man auch die Ausbildung von Organen oder Organsystemen und ihrer Funktionen beurteilen.

Physiologie
Wissenschaft von den Funktionen des (menschlichen) Organismus.

Placebo
Bedeutet im Lateinischen wörtlich „Ich werde (dir) gefallen". Tablette oder anderes medizinisches Präparat, das keinen Wirkstoff enthält und folglich nicht pharmakologisch, sondern nur als Symbol, also psychologisch wirkt. Es wird am häufigsten als Vergleichspräparat zu neuen Medikamenten verwendet. Die Wirksamkeit des Placebos beweist das Vorhandensein von psychischen Anteilen an gewissen Symptomen, auch an Therapieerfolgen.

Präfrontalhirn
Die (sehr alte) Bezeichnung Frontalhirn betrifft fast die ganze vordere Hälfte des Gehirns und ist damit sehr ungenau, umfasst auch viele verschiedene Hirnfunktionen. Mit Präfrontalhirn sind nur die direkt hinter der Stirn und über den Augen gelegenen Bereiche gemeint, in denen insbesondere die Denk- und Entscheidungsprozesse ablaufen, wo in Konvergenzzonen auch die Verbindung mit emotionalen Funktionen stattfindet. Die beiden Hälften des Präfrontalhirns haben beim Menschen verschiedene Schwerpunkte. Sprachlich-begriffliche Vorgänge laufen bevorzugt links, räumliche Verarbeitungen eher rechts ab.

Prozedurales Gedächtnis
Langzeitwissen, das viele unbewusste Fähigkeiten speichert (etwa Radfahren, Schwimmen). Die hier gespeicherten Funk-

tionsabläufe steuern nicht nur erlernte Bewegungsabläufe, sie sind auch von Bedeutung für die schnelle Erkennung von Bewegungen eines Partners (Gegners) und (durch sogenannte Spiegelzellen) für die Nachahmung oder die gedankliche Vorstellung von Aktionen.

Psychopathologie
Beschreibung der krankhaften Funktionsstörungen der Seele. Wenn man zusätzlich deren Behandlung einbezieht, spricht man von der Psychiatrie oder auch von der klinischen Psychologie.

Rational
Vom lateinischen *ratio* für „Verstand". Der Vernunft oder Logik entsprechend, im Gegensatz zu emotional (gefühlsmäßig).

Reizschwelle
Mindeststärke einer Einwirkung (also eines Reizes) auf einen Organismus oder einen Teil desselben (zum Beispiel auf eine Nervenzelle), auf die noch eine Reaktion erfolgt. Nervenzellen reagieren dann mit einem Aktionspotential nach dem Alles-oder-nichts-Gesetz, sobald die durch die Reizschwelle definierte Reaktionsgrenze überschritten ist.

Semantisch
Bezieht sich auf die möglichst exakte Bedeutung von Wörtern oder auch Sätzen und Texten.

Sensorisch
Betrifft die Wahrnehmung über die Sinnesorgane.

Sollwert
In einem Regelkreis die Größe, die vorgegeben ist und eingehalten werden soll. Der Istwert wird mit dem Sollwert ver-

glichen und (durch den Regelmechanismus) ihm genähert oder angeglichen.

Somatisch
Körperlich, leiblich, meist als Gegensatz zu geistig, psychisch, seelisch.

Somatomotorisch
Bezeichnung für die ausführende (efferente) Zuordnung von Nerven, hier für die Körpermuskeln (Körpermotorik). Unterscheidung von viszeromotorischen Nerveneinflüssen auf die glatte Muskulatur der Eingeweide (Gefäße, Darm etc.) oder sekretomotorischen auf Drüsen. Gegensatz: somato*sensorische* Gehirnareale *erhalten* Informationen von den Sinnesorganen.

Synapse
Verknüpfung, Kontaktbereich zwischen Nervenzellen oder von Nervenzelle zu Muskelzelle. Diskontinuierliche Reizübertragung mit Hilfe chemischer Transmitter über den mit Gewebsflüssigkeit gefüllten Synapsenspalt. Spezifizierung des Reizes durch Beeinflussung des Abbaus des Überträgerstoffes oder Variation seiner Aufnahme an spezifischen Rezeptoren der Empfängerzelle.

Synonym
Vom Griechischen für sinnverwandt; bei Wörtern: austauschbar, gleichbedeutend.

Transzendenz, transzendental
Jenseitig, ein Überschreiten des Lebens oder Bewusstseins. Mehrere Definitionen möglich; hier im Text als Bezeichnung für den göttlichen Bereich.

Literaturverzeichnis

Ach, N. (1905). *Über die Willenstätigkeit und das Denken*. Göttingen: Vandenhoeck und Ruprecht.

Anzenbacher, A. (2002). *Einführung in die Philosophie*. Freiburg: Herder.

Asendorpf, J. B. (2004). *Psychologie der Persönlichkeit*. Berlin/Heidelberg: Springer.

Atkinson, J. W. (1978). *Motivational Determinants of Intellective Performance and Cumulative Achievement*. In Atkinson, J. W. & Rynor, J. O. (Hrsg.). *Personality, Motivation and Achievement*, S. 221–242. Washington: Hemisphere.

Bieri, P. (2003). *Das Handwerk der Freiheit. Über die Entdeckung des eigenen Willens*. Frankfurt am Main: Fischer.

Brandt, R. (2004). *Ick bün all da. Ein neuronales Erregungsmuster*. In: Geyer, C. (2004). *Hirnforschung und Willensfreiheit. Zur Deutung der neuesten Experimente*. Frankfurt am Main: Edition Suhrkamp.

Bruer, J. T. (2003). *Der Mythos der ersten drei Jahre. Warum wir lebenslang lernen*. Weinheim/Basel/Berlin: Beltz.

Buchheim, T. (2004). *Wer kann, der kann auch anders*. In: Geyer, C. (2004). *Hirnforschung und Willensfreiheit. Zur Deutung der neuesten Experimente*. Frankfurt am Main: Edition Suhrkamp.

Burkard, F.-P. (1988). *Grundwissen Philosophie. Ausgangsfragen, Schlüsselthemen, Herausforderungen*. Stuttgart: Ernst Klett Verlag.

Churchland, P. M. (2007). *Durchbruch zum Bewusstsein*. In: Sentger, A. & Wigger, F. *Rätsel Ich. Gehirn, Gefühl, Bewusstsein: ZEIT WISSEN Edition*. Berlin Heidelberg: Springer; Spektrum Akademischer Verlag.

Comer, R. J. (1995). *Klinische Psychologie*. Heidelberg/Berlin/New York: Spektrum Akademischer Verlag.
Damasio, A. R. (1994). *Descartes' Irrtum*. München: List.
Damasio, A. R. (2003). *Ich fühle, also bin ich. Die Entschlüsselung des Bewusstseins*. München: List.
Damasio, A. R. (2003). *Der Spinoza-Effekt. Wie Gefühle unser Leben bestimmen*. München: Ullstein Heyne List GmbH.
Dawkins, R. (2007). *Der Gotteswahn*. Berlin: Ullstein.
Dennett, D. (2007). *Süße Träume. Die Erforschung des Bewusstseins und der Schlaf der Philosophie*. Frankurt am Main: Suhrkamp.
Dörner, D. (2005). *Reise ins Innere der Blackbox – Bewusstsein als Computersimulation*. In: Herrmann, C., Plauen, M., Rieger, J., Schicktanz, S.. *Bewusstsein*. München: Wilhelm Fink Verlag.
Edwards, A. L. (1959). *Edwards Personal Preference Schedule*. New York: The Psychological Corporation.
Fink, H. & Rosenzweig, R. (2006). *Freier Wille, Frommer Wunsch? Gehirn und Willensfreiheit*. Paderborn: Mentis Verlag.
Gardner, H. (1991). *Abschied vom IQ. Die Rahmen-Theorie der vielfachen Intelligenzen*. Stuttgart: Klett-Cotta.
Geyer, C. (2004). *Hirnforschung und Willensfreiheit. Zur Deutung der neuesten Experimente*. Frankfurt am Main: Edition Suhrkamp.
Goleman, D. (1996). *Emotionale Intelligenz*. München/Wien: Carl Hanser Verlag.
Goschke, T. (2006). *Der bedingte Wille. Willensfreiheit und Selbststeuerung aus der Sicht der kognitiven Neurowissenschaft*. In: Roth, G. & Grün, K.-J. Das *Gehirn und seine Freiheit*. Göttingen: Vandenhoeck und Ruprecht.
Greenberg, J. et al. *American Roulette*. In: *An Analysis of Social Issues and Public Policy* (2005), S. 177–187.
Grün, K.-J. (2006). *Hirnphysiologische Wende der Transzendentalphilosophie Immanuel Kants*. In: Roth, G. & Grün, K.-J. (2006). *Das Gehirn und seine Freiheit. Beiträge zur neurowissenschaftlichen Grundlegung der Philosophie*. Göttingen: Vandenhoeck und Ruprecht.
Heckhausen, H. (2003). *Motivation und Handeln*. Berlin/Heidelberg/New York: Springer.
Höffe, O. (1998). *Lesebuch zur Ethik. Philosophische Texte von der Antike bis zur Gegenwart*. München: Beck'sche Verlagsbuchhandlung.

Höffe, O. (2004). *Der entlarvte Ruck. Was sagt Kant den Gehirnforschern?* In: Geyer, C. (2004). *Hirnforschung und Willensfreiheit. Zur Deutung der neuesten Experimente.* Frankfurt am Main: Edition Suhrkamp.

Jonas, H. (1979). *Das Prinzip Verantwortung. Versuch einer Ethik für die technologische Zivilisation.* Frankfurt am Main: Insel Verlag.

Kaiser, G. (2004). *Warum noch debattieren? Determinismus als Diskurskiller.* In: Geyer, C. (2004). *Hirnforschung und Willensfreiheit. Zur Deutung der neuesten Experimente.* Frankfurt am Main: Edition Suhrkamp.

Kanitscheider, B. (2006). *Was können wir tun? Willens- und Handlungsfreiheit in naturalistischer Perspektive.* In: Fink, H. & Rosenzweig, R. *Freier Wille, Frommer Wunsch?* Paderborn: Mentis Verlag.

Kanitscheider, B. (2007). *Materie und ihre Schatten. Naturalistische Wissenschaftsphilosophie.* Aschaffenburg: Alibri.

Küng, H. (1990). *Projekt Weltethos.* München: Piper.

Küng, H. (1999). *Spurensuche. Die Weltreligionen auf dem Weg.* München: Piper.

LeDoux, L. (1998). *Das Netz der Gefühle. Wie Emotionen entstehen.* München: Hanser.

Libet, B. (1985). *Unconscious Cerebral Initiative and the Role of Conscious Will in Voluntary Action.* In: The Behavioral and Brain Sciences 8, S. 529–539.

Libet, B. (1999). *Haben wir einen freien Willen?* Übersetzung in: Geyer, C. (2004). *Hirnforschung und Willensfreiheit. Zur Deutung der neuesten Experimente.* Frankfurt am Main: Edition Suhrkamp.

Libet, B. (2007). *Mind Time. Wie das Gehirn Bewusstsein produziert.* Frankfurt am Main: Edition Suhrkamp.

Markowitsch, H. J. & Siefer, W. (2007). *Tatort Gehirn. Auf der Suche nach dem Ursprung des Verbrechens.* Frankfurt am Main: Campus Verlag.

Maasen, S. (2006). *Entscheiden Sie sich! Wie Ratgeber den Willen trainieren – gestern und heute.* In: Fink, H. & Rosenzweig, R. *Freier Wille – frommer Wunsch?* Paderborn: Mentis Verlag.

Maslow, A. H. (1954). *Motivation and Personality.* New York: Harper & Row.

Merkel, R. (2006). *Handlungsfreiheit, Willensfreiheit und strafrechtliche Schuld. Vorläufige Vorschläge zur Ordnung einer verworrenen Debatte.* In: Fink, H. & Rosenzweig, R. *Freier Wille – frommer Wunsch?* Paderborn: Mentis Verlag.

Murray, H. A. (1943). *The Thematic Apperception Test.* Cambridge, Mass.: Harvard Universitiy Press.

Pauen, M., & Roth, G. (2008). *Freiheit, Schuld und Verantwortung. Grundzüge einer naturalistischen Theorie der* Willensfreiheit. Frankfurt am Main: Suhrkamp Verlag.

Pietschmann, H. (1990). *Die Wahrheit liegt nicht in der Mitte. Von der Öffnung des naturwissenschaftlichen Denkens.* Stuttgart: Weitbrecht.

Roth, G. (2001). *Fühlen, Denken, Handeln. Wie das Gehirn unser Verhalten steuert.* Frankfurt am Main: Edition Suhrkamp.

Roth, G. (2007). *Persönlichkeit, Entscheidung und Verhalten:* Stuttgart: Cotta.

Roth, G. & Grün, K.-J. (2006). *Das Gehirn und seine Freiheit. Beiträge zur neurowissenschaftlichen Grundlegung der Philosophie.* Göttingen: Vandenhoeck und Ruprecht.

Rudolph, U. (2003). *Motivationspsychologie.* Weilheim/Basel/Berlin: Beltz.

Salovey, P. & Mayer, J. D. (1990). *Emotional Intelligence.* In: *Imagination, Cognition and Personality.*

Schepker, R. (2008). *Jugendgewalt und Kriminalität. Nicht wegschauen, sondern handeln. In: Deutsches Ärzteblatt* 105, S. 715–717. Köln: Deutscher Ärzteverlag.

Schramme, T. (2005). *Psychische Krankheit in wissenschaftlicher und lebensweltlicher Perspektive.* In: Herrmann, C., Plauen, M., Rieger, J., Schicktanz, S.. *Bewusstsein.* München: Wilhelm Fink Verlag.

Schockenhoff, E. (2006). *Beruht die Willensfreiheit auf einer Illusion? Hirnforschung und Ethik im Dialog.* In: Fink, H. & Rosenzweig, R. *Freier Wille – frommer Wunsch?* Paderborn: Mentis Verlag.

Seidel, W. (2004). *Emotionale Kompetenz. Gehirnforschung und Lebenskunst.* München: Spektrum Akademischer Verlag.

Seidel, W. (2008). *Emotionspsychologie im Krankenhaus. Ein Leitfaden zur Überlebenskunst für Ärzte, Pflegende und Patienten.* Heidelberg: Spektrum Akademischer Verlag.

Singer, W. (2006). *Vom Gehirn zum Bewusstsein.* Frankfurt am Main: Edition Suhrkamp.

Singer, W. (2004). *Verschaltungen legen uns fest: Wir sollten aufhören, von Freiheit zu sprechen.* In: Geyer, C. (2004). *Hirnforschung und*

Willensfreiheit. Zur Deutung der neuesten Experimente. Frankfurt am Main: Edition Suhrkamp.

Spitzer, M. (2002). *Lernen: Gehirnforschung und die Schule des Lebens.* Heidelberg: Spektrum Akademischer Verlag.

Spitzer, M. (2004). *Selbstbestimmen. Gehirnforschung und die Frage: Was sollen wir tun?* München: Spektrum Akademischer Verlag.

Strauch, B. (2004). *Warum sie so seltsam sind. Gehirnentwicklung bei Teenagern.* Berlin: Berlin Verlag.

Strawson, G. (1994). Zitiert bei Kosslyn, S. Vorwort in Libet, B. (2007). *Mind Time. Wie das Gehirn Bewusstsein produziert.* Frankfurt am Main: Edition Suhrkamp.

Wachsmuth, I. (2005). „Ich, Max" – *Kommunikation mit künstlicher Intelligenz.* In: Herrmann, C., Plauen, M., Rieger, W., Schicktanz, S.. Bewusstsein. München: Wilhelm Fink Verlag.

Walde, B. (2006). *Was ist Willensfreiheit? Freiheitskonzepte zwischen Determinismus und Indeterminismus.* In: Fink, H. & Rosenzweig, R. Freier Wille – frommer Wunsch? Paderborn: Mentis Verlag.

Wehrli, F. (1981). *Hauptrichtungen des griechischen Denkens.* Zürich: Artemis Verlag.

Weischedel, W. (1980). *Skeptische Ethik.* Frankfurt am Main: Suhrkamp Taschenbuch.

Wuketits, F. M. (2006). *Der Affe in uns. Scheitert das „Projekt Willensfreiheit"* an unserer eigenen Vergangenheit? In: Fink, H. & Rosenzweig, R. *Freier Wille – frommer Wunsch?* Paderborn: Mentis Verlag.

Zimbardo, P. G. (1983). *Psychologie*, 4. Aufl. Berlin/Heidelberg/New York: Springer.

Index

A

Abschreckung 177
Affekt und Schuld 176
Aktionspotential 50
Alarmaktivierung 126
Alarmierungsreaktion 127
Alarmreaktion 123, 130
Algorithmen 65
Alltagspsychologie 105
Alternativen 66
   angeborene Bedürfnisse 81
   durch Assoziation 97
Altruismus 10, 98, 100
Amygdala 72, 76, 123, 124
angeborene Bedürfnisse 80, 106
   und Gesetze 143
Angst 76, 122, 147
Annahmen 84
Antiaggressionstraining 86
Arbeitsgedächtnis 58
Argumente
   als physikalische Ursache 94
   auswählen 93
   generieren 93
   Wahl zwischen 113
Assoziation 97
   spontane 136

Atemfrequenz 53
Aufklärung 41
   Aufmerksamkeit 132, 152
Auge, Farbensehen 39

B

Bedürfnisse, angeborene 107, 114, 139
Belohnungszentrum 11, 34, 58, 63
   bei Annahmen 84
   emotionale Marker 71
Bereitschaftspotential 119
Betrug beim Planen 91
Beweger, unbewegter 18, 105
Bewertung 60, 72
   allgemeine Einflüsse 74
Bewusstsein 78, 110, 119, 126, 130, 131
   und Planen 129
Bildschirm 110
Brainstorming 134

C

Charakter 82
   Selbstkritik 88

D

Denken 39, 56, 65, 89, 97
  abstraktes 28
  kreatives 134
  Videokonferenz 64
Denkzettel 177
Depression 108
Descartes 18
Determinismus 13, 16, 61, 73, 82
  Libet 120
  psychologischer 78
  und Komplexität des Gehirns 133
Diktat der Mode 43
Dilemma 61
Dominanz 107, 139
dramatisierende Kunst 92
Dualismus 16, 19, 30, 38, 43
Durchsetzungsfähigkeit 106

E

Ebenen, begriffliche 27, 38
Egoismus 79, 98, 188
  angeborene Bedürfnisse 82
Ehrgeiz 110
Einstellung 54, 144
  ethische 100
  zum Helfen 145
Emotion 123
  primäre 125
emotionale Intelligenz 125
  Selbstbeherrschung 86
emotionale Marker 71
emotionales System 107, 109 f., 122
  bei Robotern 96
Empathie 76, 140, 148
Energie, Erhaltung der 42
Entscheidung 55, 58, 73, 112, 127, 154
  abwägen 77
  Marker 75 f.
  Optionen 91
  und Intelligenz 147
  Zukunft 12
Entscheidungsfähigkeit 161
Entscheidungsfindung
  Körperzustände 81
  Vorteile 79
Entscheidungsprozess 57, 77, 110 f., 127
  Gewissen 85
  Modell 93
Entwicklungsgeschichte, Gehirn 11
Epiphänomen 120
Erfahrung 6, 63, 83
  emotionale Intelligenz 86
  emotionale Marker 72
  Gewissen 83, 85
Erfolgserlebnis 108, 109
Erinnerung 125
  emotionale Marker 72
Erste-Person-Perspektive 66
Ersttäter 172
Erziehung 150, 179
  zur Selbstkritik 158
Ethik 140, 142
  Definition 43
  Relativität der 141
  und Gewissen 84
  und Religion 150
  und Wahlfreiheit 144

Etikett 77
Evolution 92, 98
  der Kultur 140

F

Fahrerlaubnis
  und Verantwortung 171
Fahrlässigkeit 174
Fahrprüfung 170
Familie 150
Fehlerursachen 12
Fehlschlüsse 37
Freiheit 22, 41, 43 f., 111, 113, 142
Freiheitsentzug 172
Freiheitsgefühl 14
Fremdbestimmung 44

G

Gedächtnis 40, 55, 130
  deklaratives 197
Gedanken 67, 91
  freie 110
Gefahren 76
Gefühl
  für Recht und Unrecht 139
  vom freien Willen 122
Gefühlsrinde 125
Gehirnleistung 26
Gehirnscreening, vorbeugendes 163
geistige Welt 17
Gemeinschaft, soziale 139
Gesellschaft
  Ethiklehre 149
  und Ethik 154
Gesetze 158, 169

Gewissen 83
  und Sollwert 153
Gründe 20

H

Haftung
  und Verantwortung 155
Haltung, ethische 145
Handlungsentwurf 130
Handlungsfreiheit 113
Handlungsmuster 87
Handlungsplanung 9
Handlungsrealisierung 9
Heurismen 65
Hilflosigkeit, erlernte 109
Hinterlist 140
Hippocampus 56, 62
Hirnschäden bei Straftaten 162
Hoffnungslosigkeit 108
Höhlengleichnis 30
Hubschrauberperspektive 66

I

Individualisierung 149
Individualismus 140
Informationen 87
Inkompatibilismus 19
Intelligenz 7, 53, 133, 140, 145
  Auswahlfunktion 147
  emotionale 53
  emotionale bei Spontanhandlung 175
Intention 8, 58
Intuition 6

K

Karten 51
Kausalattribution 63, 77,
Kausalfaktor, externer 77
Kausalität 3, 30, 40, 42, 67
   auswählen 93
   bei philosophischen Begriffen 142
   implizite 81
   in der Dramaturgie 92
   manipulieren 78
   und Gründe 21
Kausalitätsbedürfnis 5, 114
Kausalitätsoptimierung 89
Kleptomanie 163
Kommunikation 33
Kompatibilismus 19, 42
Kompetenz 145, 147
Komplexität des Gehirns 133
Kontrolle und Verantwortung 157
Körpergefühl 51, 66
Körperzustand 52
Krankheitsgefühl 51, 81, 129
Kurzzeitgedächtnis 7
   emotionale Marker 76
Kurzzeitspeicher 78

L

Laplace'scher Weltgeist 13
   Komplexität des Gehirns 133
Lernen 143
   Entscheiden 57
   ethische Regeln 143
   integrierendes 115
   Sollwerte 68
   Speicherung 55
Liberalisierung 149
Libet, B. 119, 126, 129

M

Makrophysik 3, 29
Managementtraining 112
Manipulation von Ursachen 103
Marker 66, 79, 85, 136, 147
   bei Erziehung 171
   emotionaler 75, 79, 109, 152
   individuelles Denken 133
   schnelle Orientierung 75
Marshmallow-Test 89
mental causation 19
Metaphysik 17, 23
Mikrophysik 26, 62
Milieu, kriminelles 163
Mimik 57
Mitleid 140
   und Altruismus 98
Moral 84
Motivation
   als Ursache 94
   angeborene Bedürfnisse 80
   intrinsische 81
Motivationsgenerator 94
Motivationspsychologie 7, 146
Motivatoren 63, 90
Motiv und Schuld 165
Muster, emotionale Intelligenz 125

N

Naturgesetz 92
Naturphilosophie 37
Naturwissenschaft 28, 35, 45
Nervenzelle als Prozessor 50
Neugierreaktion 54
neuronale Netze 57, 120

O

Oberfläche 65, 110
Optimismus 60

P

Persönlichkeitsstörung,
 antisoziale 162
Pflicht 154
 Beachtung der Gesetze 167
Philosophieren 27
Physikalismus 56
Planen 89, 91, 97, 129
Prozessor, Nervenzelle 50
Pyromanie 163

Q

Qualia 34
Quantenphysik 62

R

Ratgeber 149
Realität 37
Reifeprüfung
 und Verantwortung 172
Repräsentationen 35
Reue 153, 179, 181
Risiko 58
 berechnen 62
 und Verantwortung 155

S

Sachzwänge 44
Scheinwelt 32
Schulabschluss
 und Verantwortung 172
Schuld 115, 164, 166
 bei Fahrlässigkeit 173
 Determinismus 167
 und eigener Wille 96
Schuldfähigkeit 161
Schuldgefühl 153, 159, 176, 180
Schule, Verantwortung 172
Selbst 66
Selbstbeherrschung 87
Selbstbewusstsein 131
Selbsterziehungsmodul 168
Selbstkritik 38, 88, 158
Selbstmanagement 89
Selbstüberschätzung 157
Selbstverurteilung
 und Reue 179
Selbstverwirklichung 140
Selbstwertgefühl 108, 114, 115
Sexualstraftaten 162
Sicherheitsverwahrung 176
Sinnestäuschungen 31
Sollwert 53, 63, 90, 156
 Gewissen 85
Sorgfaltspflicht 174
Soziopsychologie 44
Spiegelung 131
Sprachfähigkeit 97
Stimmung 85
Strafe 85, 150
 als Erziehung 178
 und Emotion 178
Straffähigkeit 147
Strafmaß 170
Subjektivität 71
 des Denkens 21, 32
Synapse 49
Synchronisierung 65

T

Tagträume 113
Tankstelle, Entscheidungsmodell 93
Temperament 133
Tennis und Entscheiden 121

Thalamus 123
Transmitter 50
Transzendenz 207
Triebe 80
Triebtäter 157, 175

U

Umwelteinflüsse, moralische Erziehung 163
Unbewusstes 129
Ursachen
  nach Aristoteles 5
  psychologische 3
UV-Strahlen 31

V

Verantwortung 151, 154, 169
  bei Fahrlässigkeit 174
  des Staates 157
  für das Verhalten 163
  Gesetze beachten 167
  lernen 144
  Schuldfähigkeit 161
  und Intelligenz 152
Verantwortungsfähigkeit 158, 159
Verantwortungsgefühl 40, 152
Verantwortungspostulat 169, 174
Verhalten 64
Verhaltensmuster 86
  emotionale Intelligenz 87
Verhaltenssteuerung, unbewusste 6
Verrechnung von Ursachen 11
Versuchungen 134
Vetozeit 120, 130
Videokonferenz 64

Vigilität 62
Vorbild und Verantwortung 155
Vorliebe 72
Vorstellungsraum 27, 39, 52, 56, 64, 66 f., 91, 111, 129, 133
  Farbensehen 31
Vorteil, persönlicher 71

W

Waage bei Entscheidungen 78
Wahrheit 36
Wahrnehmung, Farbtäuschung 31
Wahrscheinlichkeit 62
  durch Marker 75
  errechnen 54
Wenn-dann-Beziehungen 11
Wiederholungstäter 172
Wille
  als Resultante 66
  angeborene Bedürfnisse 80
  Entscheidungsprozess 76
  Gesellschaft 115
  kausale Komponenten 63
  moralische Schuld 168
  Vergleich mit Gefühl 127
Wille, eigener 10, 96
Willensbildung 7, 61, 120
  Zukunft 57
Willensfreiheit 135
Willensstärke 58, 88, 99
Wirklichkeit 30
Wohlbefinden 79
Wollen 106, 127
  als Marker 109
  als Motivation 128
Wünsche 80, 107, 114, 132 f.

Z

Ziele 111 f., 133
Zirbeldrüse 38
Zivilisation 97
Zufall 6, 62
Zukunft 75
   bei Entscheidungen 12
Zurechnungsfähigkeit 162
Zwischenhirn 107

GPSR Compliance
The European Union's (EU) General Product Safety Regulation (GPSR) is a set of rules that requires consumer products to be safe and our obligations to ensure this.

If you have any concerns about our products, you can contact us on

ProductSafety@springernature.com

In case Publisher is established outside the EU, the EU authorized representative is:

Springer Nature Customer Service Center GmbH
Europaplatz 3
69115 Heidelberg, Germany

www.ingramcontent.com/pod-product-compliance
Lightning Source LLC
LaVergne TN
LVHW010256260326
834688LV00044B/1307